U0344941

电转燃气

技术和商业模式

Power-to-Gas:
Technology and Business Models

Markus Lehner　Robert Tichler
Horst Steinmüller　Markus Koppe　著

吴 旭 等 译

中国 · 武汉

Translation from the English language edition:
Power-to-Gas:Technology and Business Models
By Markus Lehner,Robert Tichler,Horst Steinmüller, Markus Koppe

湖北省版权局著作权合同登记 图字:17-2019-243 号

图书在版编目(CIP)数据

电转燃气:技术和商业模式/(奥) 马库斯·莱纳(Markus Lehner)等著; 吴旭等译. —武汉: 华中科技大学出版社,2019.12
ISBN 978-7-5680-5485-0

Ⅰ.①电… Ⅱ.①马… ②吴… Ⅲ.①电能-能量转换-可燃气体-研究 Ⅳ.①TM910.1 ②TK16

中国版本图书馆 CIP 数据核字(2019)第 230408 号

电转燃气:技术和商业模式 Markus Lehner 等著
Dian zhuan Ranqi: Jishu he Shangye Moshi 吴 旭 等译

策划编辑:徐晓琦 杨玉斌
责任编辑:李 昊 刘辉阳
封面设计:刘 卉
责任校对:刘 竣
责任监印:徐 露
出版发行:华中科技大学出版社(中国·武汉) 电话:(027)81321913
武汉市东湖新技术开发区华工科技园 邮编:430223
录 排:武汉楚海文化传播有限公司
印 刷:湖北新华印务有限公司
开 本:710mm×1000mm 1/16
印 张:7
字 数:108 千字
版 次:2019 年 12 月第 1 版第 1 次印刷
定 价:42.00 元

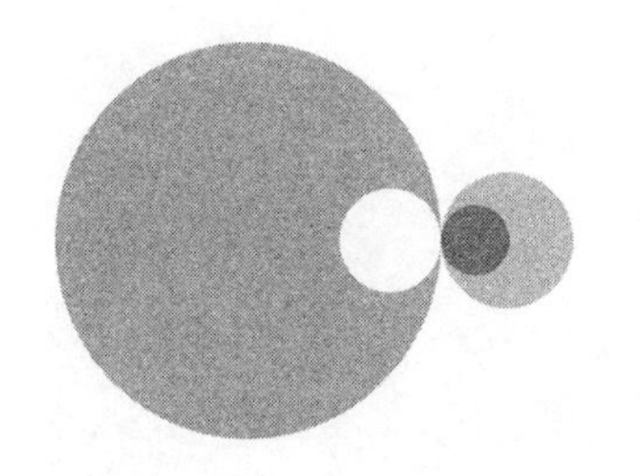

译者序

习近平总书记在党的十九大报告中指出，加快生态文明体制改革，建设美丽中国，推进绿色发展，着力解决突出环境问题。这对环境工程的学科建设和技术创新等各方面工作，提出了更高的要求和殷切的希望。

华中科技大学吴旭教授课题组，致力于发展"环境电化学工程学"，在人才培养和学科平台建设方面开展积极的工作。电转燃气技术(power-to-gas)是本学科领域较为新颖的技术概念，涉及比较前沿的研发课题和能源结构调整等生态文明建设的内涵。Markus Lehner 等人编著的这本《Power-to-Gas：Technology and Business Models》较为系统地介绍了电转燃气技术在欧洲起源和发展的历程，阐释了其相关的关键技术，并介绍了其可行的商业模式。我们翻译出版本书主要有两个目的。一方面，通过向相关专业的本科生和研究生介绍代表国际发展前沿的新思路、新装备、新工艺、新技术，可以丰富学科内涵，提高人才培养的效果。另一方面，电转燃气技术可以打通燃料领域与电力领域，有效储存清洁能源，这对提高能效和能源结构调整具有深刻意义。

在本书的翻译过程中，课题组的王路阳、古月圆、谢梦茹、王芳、李金东等同志协助我完成了主要内容的翻译工作，吕航、熊睿、张艳琳、王梨、袁笃等同志参与了全书的译文校对工作。同时，感谢我校出版社的徐晓琦、杨玉斌等同志在审校等出版流程中给予的大力支持。需要说明的是，电转燃气技术这个概念本身也在不断发展创新，在中文版出版之际，国外已经推出了 power-to-X 等新概念，其中"X"可以是燃气(gas)、燃料(fuel)，甚至是化合物(chemicals)

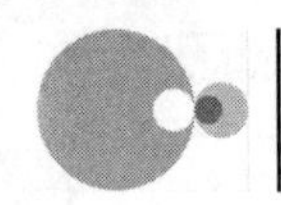

等。本书谨以电转燃气为例介绍相关技术,希望能促进本领域在国内的学术创新。由于译者水平有限,译文中难免有不足之处,敬请读者斧正。

吴 旭

2019 年 5 月于中国光谷

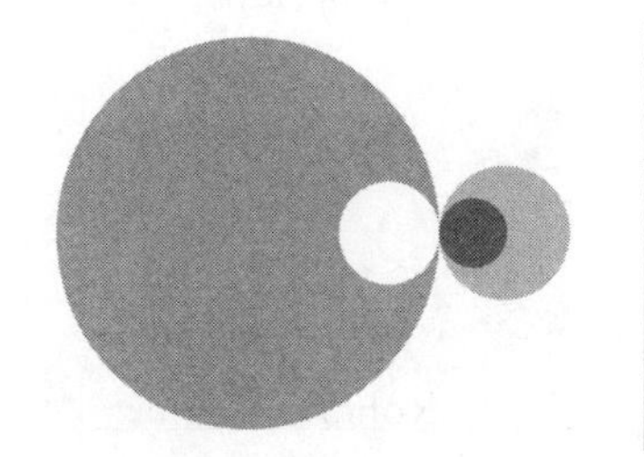

前言

能源供给结构的改变主要受迫在眉睫的气候变化所驱动。此外，工业体制上的典范转移或战略思考，以及必要的电源供应也会对此产生影响。与现在的能源结构相比，未来的能源供给会极大地提高可再生能源的比例。毋庸置疑，可再生能源（特别是风能和太阳能）比例的增加已经造成了电网供需的地方差异。

应对能源系统变化挑战的方法有若干种。目前来说，满足可再生能源要求的方法有扩张电网、负载管理和能源储存设施。根据未来的可再生能源比率，大部分甚至所有这些措施都必须得以完善。而在存储系统方面，需要实现季节性存储的可能。一种颇具前景的长期储存方法是将可再生电能转化为化学储能媒介，比如氢气、甲烷、甲醇、甲酸、燃料或氢化芳烃。

本书旨在对可再生能源的化学存储方法之一——电转燃气技术作一个简洁而全面的介绍。许多研究团队正在从各个方面对这一概念进行探讨，最近示范规模的电转燃气工厂也正在启动或建设中。因此，在目前条件下还无法对该技术做一个结论性的概述。此外，由于电转燃气技术的灵活度极高，可以提供多方面的应用，所以我们只能在不保证完全的前提下尽可能地介绍最前沿的实际研究、发展进程以及其所面临的挑战。本书的第二部分论述了电转燃气系统经济维度的商业模式，这不仅需要进行商业分析，而且需要在宏观经济层面上进行全面的系统性分析。

目前来说，电转燃气技术在经济上是不可行的，除此之外，它在技术性和

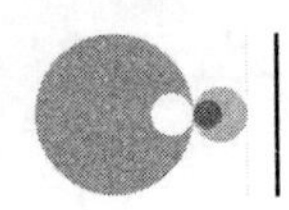

系统性上也仍然需要进一步发展完善。但是,作者认为,可再生能源的长期储存将会是未来能源系统的关键性支撑。我们应当现在就发展这项技术,这样才能满足人们未来的需求。

感谢 Dipl.-Ing. Aaron Felder, Dipl.-Ing. Phillip Biegger, Prof. Dr. Josef Draxler, Lukas Rebhandl,以及 Fabian Frank 对原稿的审校,感谢 Mark Read 和 Jed Cohen 将本书翻译为易懂的英文。

Markus Lehner
Robert Tichler
Markus Koppe
Horst Steinmüller
2014 年 5 月于莱奥本

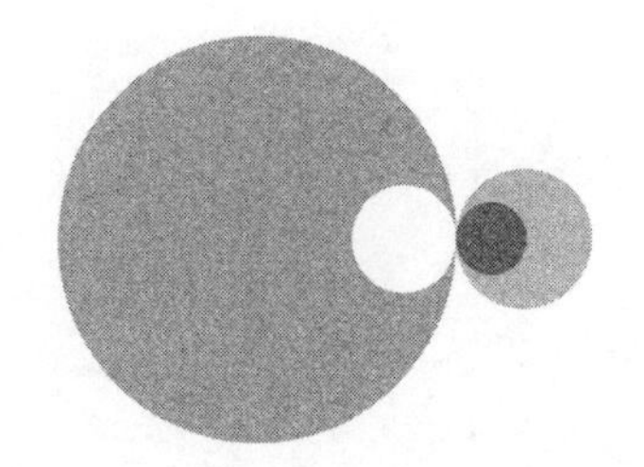

目录

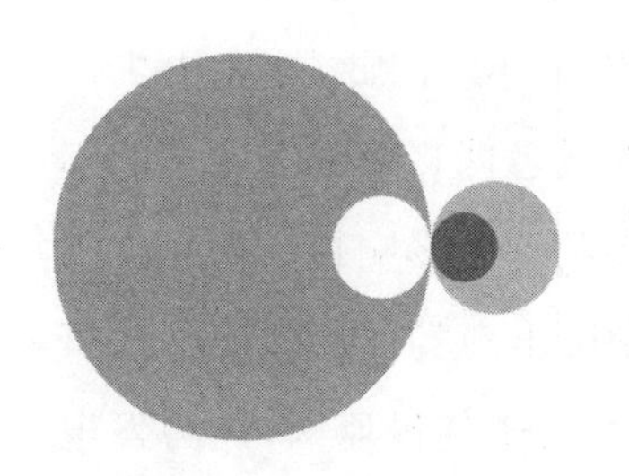

第1章 可再生能源的存储技术概述

近年来，欧洲受到能源政策驱动，可再生能源在能源体系中的发展得到增强，社会正在大力增加可再生能源的投资和建设。这种趋势不仅出现在欧洲市场中，它在很多地区都已经成为基本的发展趋势。能源政策主要是基于气候变化政策的目标和要求，而具体参数则是关于增加可再生能源比例的需求，比如降低对进口能源的依赖程度，以及提升国内能源价值和价格的稳定性等。在某种程度上，基于可再生能源的建设可以在能源体系中实现相对较高的增速，这样的实例应用在德国和中国。

增加可再生能源比例大多数情况下伴随着绝对产量增长，这种比例变化同时存在着优势、挑战和问题。考虑到这一点，本书将专注于可再生能源在能源生产中动态比例持续增加所带来的挑战。

可再生能源正在被推动进入能源系统的各个领域：涉及燃料的交通运输领域、供暖领域（同时作为空间供暖和过程加热的能源）和电力领域。在上述三个领域中，本书主要关注电力生产领域方面的挑战。因而供暖和交通运输领域在本书中不认为和针对不稳定生产的储能系统的必要性相关联（当然，这

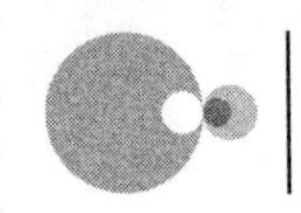

两个领域在电转燃气工程生产能源的下游是需要被考虑的，详见本书第 2 章和第 5 章）。因此，本书只关注可再生能源导致的不稳定能源生产相关的挑战。

基于不同的能源政策路线图，各个地区电力生产中可再生能源动态比例持续增长的状况各异。在可再生能源的电力生产中，水力发电、生物质发电与风力发电、光伏发电相比，生产过程中的动态波动性更小。因此，在电力生产系统中大幅增加风力和太阳能发电比例的地区正在或者即将面临高比例的不稳定生产。在欧盟，归因于国家路线计划，德国受到的这种影响最为明显。其他国家比如丹麦、英国和西班牙都因风力发电的发展出现类似的状况。西班牙和意大利也面临集成太阳能发电不稳定的问题。由于气候原因，风力发电和太阳能发电不可能达到稳定生产。因此，能源系统需要平衡生产过程中的强波动性。在目前或未来几年，能源生产的时空波动问题仅限于特殊地区，且偶尔发生。但为了较高可再生能源比例的能源系统调整方案（见图 1.1），并非为了今天而是着眼于未来。其时间框架主要取决于可再生能源的建设进程，而在 2020 年前，对能源存储并不会有特别高的要求。

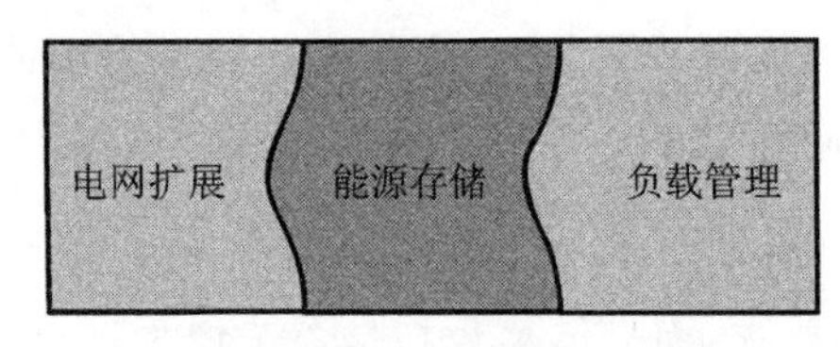

图 1.1　用于应对能源系统中波动性可再生能源份额较高问题的措施

由于天气预报系统的逐步完善，未来电力供应者和生产者可以预测到即将面临的电力生产大幅度的波动，但这不能完全解决电力智能集成的问题。从基本能源效率角度来讲，不管是生态上还是经济上，依靠关闭风力发电和太阳能发电来解决能源供大于求的问题都是不合理的。一个可持续的能源系统需要将这些生产方法集成到现有的系统。因此，电网需要扩张，此外还需要不同形式的供需加载管理。这些解决方法还需要进一步探索和发展（见图 1.1）。

但是，不管有没有经济上的刺激，负载转移将不足以较好地把不稳定生产融入未来的能源系统中。能源存储系统在产能不稳定的可再生能源的集成中至关重要（见图 1.1）。因此，大容量存储系统可以满足未来使用的需求——不需要对现有的电网系统进行调整。

现在市场上已有不同发展阶段的各种电力存储系统。这其中包括数十年前建立的技术，比如大规模的抽水蓄能电站和小规模的电池蓄电；还包括近年来还在发展中的技术和系统，比如各种新型可充电电池和飞轮。电力存储系统可以粗略地分为机械储能（动能和势能）系统、化学储能（无机和有机）系统和电能储能系统三类。对存储技术的主要评估应基于各领域的相关参数——技术评估、经济评估、系统评估、生态评估和法律评估。简单地评估单一的技术特征是不够的，它不能为能源系统持续发展提供优化的方案。

此外，特定的能源系统应考虑同时应用不同的储能技术。并且进行单个因素的直接比较时，需要考虑不同储能技术的特定应用方式及其系统优势。评估电能储存系统时需要考虑以下参数。

- 储能容量
- 最大充电/放电功率
- 可持续的储能时长
- 效率/利用率
- 系统优势
- 存储损失
- 总存储潜力
- 暂时可用性、有保障的容量（天数、季节可靠性）
- 投资成本
- 运行成本（资源、排放）
- 经济影响（增值效应等）
- 场地条件、地形干预的需要
- 现场现有的基础设施，如电网
- 电能转化的可能性，是否需要再转换
- 公众对新建设项目的接受度、环境影响

目前还无法对以上列出的各个方面进行综合评价。表1.1列出了各种典型储能技术的效率（电到电）、每个储能厂的容量，以及可能的储能时长。

在电力系统能源调控方面，抽水蓄能电站的应用是目前最成熟的技术。

它将水抽到高处，将电能转为势能存储。当需要供电时，水从蓄水区流出，通过水轮机将势能又转换为电能。这种储能方法的效率相对较高，可达到70％～85％。抽水蓄能法的存储容量取决于地形。但是，现有的抽水蓄能电站所能提供的存储容量有限，基本上不能满足未来我们储存更多可再生能源的要求(Bajohr 等，2011；Klaus 等，2010)。由于新建的设施会对周围整体景观产生影响，所以公众对其接受度很低，这导致新建抽水蓄能项目通常很难。

表 1.1　各种储能技术的相关参数

技　　术	效　　率	容量等级(MW)	时间跨度
抽水蓄能	70％～85％	1～5000	小时～月
锂离子电池组	80％～90％	0.1～50	分钟～天
铅酸电池	70％～80％	0.05～40	分钟～天
电转燃气*	30％～75％	0.01～1000	分钟～月
压缩空气法	70％～75％	50～300	小时～月
钒氧化还原液流电池	65％～85％	0.2～10	小时～月
硫化钠电池	75％～85％	0.05～34	秒～小时
镍镉电池	65％～75％	45	分钟～天
飞轮法	85％～95％	0.1～20	秒～分钟

来源：作者汇编(Diaz-Gonzalez 等，2012；Beaudin 等，2010；Chen 等，2009，2014)

* 不再转换为电能时的电转燃气效率：50％～75％

压缩空气储能法先将电能转换为压缩的空气，随后由汽轮机带动发电机将其再转为电能。其主要缺陷是体积比储能容量低(见图 1.2)，导致需要巨大的存储空间。为了得到较高的效率，压缩空气法释放出的热量需要另外利用(Bajohr 等，2011)。这种储能方法的应用还受限于其高成本。

表 1.1 中各种可再充电电池属于电化学储能技术。当需要长时间存储大量电能时，这些系统的单位成本较高。电池的自放电和容量衰减限制了其储能次数。

飞轮法作为短期储能技术，可以在数秒内存储和释放大量电能，但不适合长期储存电能。

考虑到电能的存储量很大，有时存储时间较长(几天至数月)，且其发生状态是强烈和动态的，所以以下参数至关重要：高储能容量、高体积储能密度、系

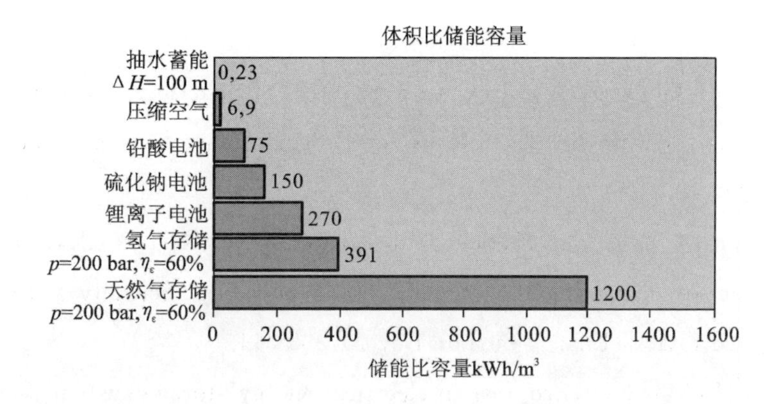

图 1.2　不同电力技术的体积比储能容量比较[修改自(Bajohr 等 2011)]

统优势、场址变动的灵活性、分散应用的可能性和有效的储能时间跨度。化学储能可以较好地满足上述参数，而电转燃气技术，或者更准确地说，电转燃气系统即属于这种方法。表 1.1 所列各项技术的体积储能容量由 Bajohr 等人所报道，如图 1.2 所示。由于甲烷的热值是氢气的 3 倍，甲烷的体积储能密度是图 1.2 中所列各项中最高的。并且甲烷有各种再利用的可能，比如在汽车中作燃料，又比如燃气轮机联合循环电厂可将甲烷的能量转为电能。此外，这种气相化学储能方法的主要优势还包括高体积密度和已有的运输与存储设施。其主要缺点则是每一步能量转换都有效率损失。我们将在第 2 章中对此进行详细探讨。

总的来说，目前能源供应系统的技术结构和组织结构只能部分适应可再生能源比例的迅速增长。从长远来看，为了提供安全廉价的能源供给，以及发展更多的新储能容量与技术，需要对系统进行改进，使可再生能源的生产与需求量、可用电网以及储能容量相协调。化学储能，如电转燃气技术，可以实现该目标。在产能不稳定的发电厂旁分散建设电转燃气厂，就可将电能在输入电网前及时储存，然后以氢气或甲烷的形式运输或直接并入天然气管网中。接下来的几章我们将重点介绍电转燃气技术并给出技术中关键要素的简要概述，其中会详细讨论运用电转燃气系统储能的一些新的发展可能。最后，为了对目前最先进的电转燃气技术及其面临的挑战作一个小结，我们会对这一系统的经济特征和重要性进行阐述。

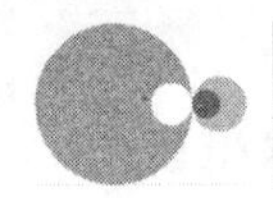

参考文献①

[1]Bajohr S,Götz M,Graf F,Ortloff F(2011)Speicherung von regenerativ erzeugter elektrischer Energie in der Erdgasinfrastruktur. gwf-Gas. Erdgas:20-210.

[2]Beaudin M,Zareipour H,Schellenberglabe A,Rosehart W(2010)Energy storage for mitigating the variability of renewable electricity sources:an updated review. Energy Sustain Dev 14:302-314.

[3]Chen H et al(2009)Progress in electrical energy storage system:a critical review. Prog Nat Sci 19:291-312.

[4]Diaz-Gonzalez F,Sumpe A,Gomis-Bellmunt O,Villafáfila-Robles E(2012) A review of energy storage technologies for wind power applications. Renew Sustain Energy Rev 16:2154-2171.

[5]Klaus T et al(2010)Energieziel 2050:100% strom aus emeuerbaren Energien. Umweltbundesamt,Dessau-Roßlau.

[6]Steinmüller H et al(2014)Power to gas—eine Systemanalyse. Markt-und Technologiescouting und-analyse. Project report for the Austrian Federal Ministry of Science,Research and Economy.

① 本书参考文献直接引用英文原书参考文献。——编者注

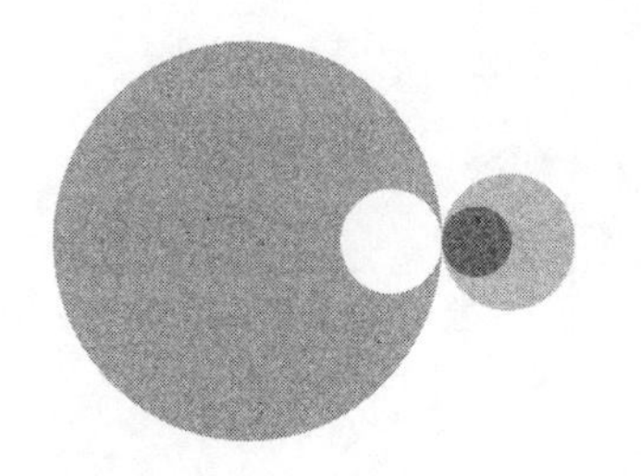

第 2 章 电转燃气概述

本章首先概述电转燃气的技术基础，在此基础之上，介绍电转燃气技术的效率和协同力。本章不但对电转燃气的相似概念做了简要介绍，而且还对将氢气并入天然气管道的技术挑战和限制进行了表述。由于篇幅有限，本章仅讲述几个主要方面，并附参考文献以供读者扩展阅读。

如第 1 章所述，可再生能源发电的时空波动性使其同时需要大容量的分配系统和实现间歇式存储的可能，而电转燃气可通过将电能分别转换为气态化学储能介质和高能量气体如氢气（H_2）和甲烷（CH_4），从而满足以上要求。电转燃气技术的原理如图 2.1 所示（Sterner，2009；Grond 等，2013；Müller-Syring 等，2013a；德国能源署，2013；Egner 等，2012）。

如图 2.1 所示，可再生电能通常被转入电网。这是因为电力的运输一方面受限于实际电网的需求而可能导致暂时性的电力过剩；而另一方面，可再生能源的生产地可能位于运输能力有限的或完全自给自足的偏远区域。根据图 2.1，可再生电能还可用于水电解设备以从水中产出氢气和氧气。氧气可以被释放出来进入大气层，也可在工业生产过程中被进一步利用，比如用于化学工业或冶金工业。不过，氧气能否被再利用很大程度上取决于当地的条件，尤其

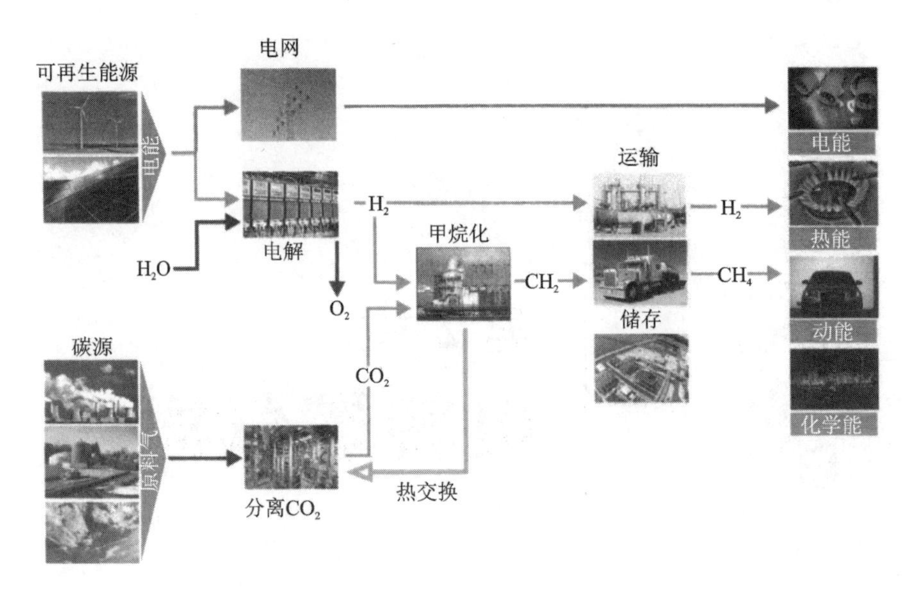

图 2.1 电转燃气概念示意图

是其与潜在消费者及有消费需求地区的距离。实际的工业产品是氢气,它可以单独在氢气管网中运输,也可作为混合物并入天然气管网,并通过卡车或火车进行运输。氢气也可存储在合适的设施中,或者和天然气一起存储在现有的天然气存储装置中。

氢气可以再重新转化为电能,如在汽车中用作燃料,或者作为工业中的原料。尤其是化工、石化和冶金厂每年需消耗大量的氢气(大约 6000 亿立方米每年),而这些工厂所用的氢气目前主要由甲烷蒸气制得[①]。

因此,氢气是电转燃气过程链中第一种可能的终端产物。但是氢气的可生产体积一方面受限于氢气基础设施的缺失(如氢气运输管网、储氢设施和终端利用技术),另一方面也受限于天然气管网对氢气的最大容纳量要求。

于是,第二种方案,但为电转燃气过程链中备选的工艺步骤,是甲烷化。氢气和二氧化碳在化学或生物催化作用下可合成甲烷,其所产生的甲烷为合成气或合成天然气(SNG)。该反应的副产品是水蒸气,所需的二氧化碳来自工业生产的排气,如化石发电厂、生物质能发电厂生产过程中的排气,或者取自于大气和海水(见图 2.1)。后者显然是能源密集型的。由于纯二氧化碳的

---

① 重整工艺的副产品是二氧化碳。甲烷蒸气重整是甲烷化的逆反应,详见第 4 章。

来源非常稀少(Ausfelder 和 Bazzanella,2008),所以不管是从技术上还是经济上来看,碳捕获器在电转燃气技术中都发挥着重要的作用。

甲烷作为电转燃气过程链终端产物的最大优势是其在天然气设施中具有无限的可用性。合成天然气实现了电网和天然气管网的双向连接。现有的天然气运输和存储管网可以用于可再生电能转化为合成天然气。欧洲的大型气体存储设施[①]可以存储高达1000TWh的可再生能源。此外,现有的利用甲烷的相关设施在技术上也是非常成熟的。除了联合循环电厂可将甲烷转换为电能,甲烷可在汽车中用作燃料或在化工厂中用作工业原料外,合成天然气还可以用来产热。因为合成天然气的物理化学特性和天然气的非常相似,所以在终端利用时不需要任何技术上的改进,基本上也不需要在运输、存储和使用设施上投入新的资金。这不仅可以带来经济效益,也节约了相关部门的审批时间,而且相比其他设施项目,其公众接受度更高。

将电能转化为高能量密度的氢气或甲烷,不仅解决了可再生能源的脱网输送问题和大规模长时间的存储问题,而且其具有的化学能还可再次转化为电能,或者用于其他的多种途径,这些途径将会影响整个能源系统的效率。

2.1 电转燃气过程链的效率

由于任何工艺过程都伴随有能量损失,所以在电转燃气的过程中,有效能[②](电能)不可避免地会减少。因此,尽可能地避免不必要的转化步骤是很重要的。如果有足够的电网容量,电能应以其原本形式直接利用。增长的需求也会加快电能的使用,比如工业上电气化工艺的增加(Leiter 等,2014)。不过,电网扩展和用电管理都是有限的,因此在未来可再生能源的比例持续稳定增加的情况下,其存储至关重要。

氢气是电转燃气过程链中第一个可利用的产物。如前所述,化工、石化和冶金工业对氢气有大量的需求。就目前来说,氢气的运输设施还很欠缺,所以

① 整个欧洲大约有134个地下气体存储设施,其总共可存储 $9.4\times10^{10}\,m^3$ 天然气。

② 有效能(㶲)是指能量中可以最大限度转换为其他形式的能量。无效能是指不能转化为有效能的部分能量。有效能与无效能的总和即为总能量。电能包含100%的有效能。

需要在电解厂附近对氢气进行利用。另外,氢气的存储技术可以缓解分离,供应需求。除了地下储罐外,天然气管网也可以储存氢气。天然气管网在存储方面的局限和所面临的挑战将在第 4 章进行专门介绍。

甲烷化过程将氢气转换为合成天然气,其中化学过程的转化效率为 70%~85%,生物过程的转化效率超过了 95%(Grond 等,2013)。合成天然气的主要优势是与天然气管网具有不受限的兼容性,并且可以当做天然气使用。

在联合循环电厂中,甲烷的重新产电实现了“电能—合成天然气—电能”的闭环。利用已有的天然气管道,可以在距离可再生能源很远的地方再产生电能。不过这是所有可选方式中效率最低的一种,如表 2.1 所示。

表 2.1　不同电转燃气过程链的效率(Sterner 等,2011)

路　　径	效率/(%)	边界条件
电转气		
电能→氢气	54~72	包括压缩至 200bar(地下存储工作压力)
电能→甲烷(SNG)	49~64	
电能→氢气	57~73	包括压缩至 80bar(气体管道进料的运输)
电能→甲烷(SNG)	50~64	
电能→氢气	64~77	不压缩
电能→甲烷(SNG)	51~65	
电转气再转电		
电能→氢气→电能	34~44	转为电能的效率:60%,压缩至 80bar
电能→甲烷→电能	30~38	
电转气再转热电联产(CHP)		
电能→氢气→CHP	48~62	40%电能和 45%热能,压缩至 80bar
电能→氢气→CHP	43~54	

利用氢气产生电能可以得到比甲烷稍高的转换效率,其可以在燃气轮机、燃料电池或反向燃料电池中使用。燃料电池技术可以使氢气在交通运输领域中应用,但是燃料电池动力车在技术上还不够成熟,而且大部分地区没有供应和存储氢气的基础设施。

通常来说,当电转燃气系统释放出的热能得到利用,比如用于集中供暖或被附近厂房利用时，该系统的效率就会提高(见表 2.1)。产生的气体需要被压缩的程度会对系统的总效率产生重要的影响。由于所需压强取决于运输和存储气体的设施，因此容易受到电转燃气厂所在地特定地区条件的影响。

由表 2.1 可知，不能仅仅根据效率来筛选利用方式，还应考虑系统性、经济性，以及微观经济层面等方面的因素，这些将是第 5 章介绍的主题内容。

系统的转换效率既可以通过改进每个转换步骤的技术来提高，如水电解和甲烷化技术(详见第 3 章和第 4 章)，也可以通过与电转燃气工厂耦合的工业过程的协同来提高。上述两个选项都是当前研究的主题，读者可进一步参见本章参考文献(KIT，2014；Schöß 等，2014；Bergins，2014)。接下来我们将介绍关于协同潜力的信息。

2.2 工厂大小和协同潜力

运行电转燃气系统的工厂规模从几百千瓦到几百兆瓦，甚至在自给自足的系统下，可以达到吉瓦级别。因此，系统的建立需要根据不同应用情况下的具体条件来调整。以下条件影响了最终产品选择氢气还是甲烷①：所利用的二氧化碳的来源②、可能产生的副产品(氧气和生产过程热)的利用，以及最终产品的输送和存储方法③。然而，各个电转燃气工厂的主要目的不尽相同：有的是对过剩的可再生能源的利用，有的是为了稳定电网或通过天然气管网代为运输能量，有的是为了长期存储可再生能源，还有的是为了构建大规模的自发电系统进而进行电转燃气生产。进一步来说，最终产品的预期利用形式影响着工厂的规模大小和运行模式(比如压力水平、年利用率等)。因此，未来的电转燃气系统会有完全不同的工厂组建形式、运行模式和工厂规模。相应地，电转燃气系统应具备运行灵活、易于升级和模块化等特点，以适应不同的工作

---

① DVGW 德国煤气与水工业协会(Müller-Syring 等 2013b)已经进行了一项综合研究，测试了 4 种电转燃气工厂的特殊选址，并给出了具体的电转燃气工业概念。

② 小型电转燃气工厂(几百千瓦)可能会用沼气厂的二氧化碳，也可能利用生物甲烷化而非化学法。对于非 W 级别工厂来说，它们会需要工业化二氧化碳源，而且最好是用化学甲烷化。

③ 最终产物的输送和存储是现有设施和最终产物的理想利用中的主要问题(Müller-Syring 等 2013b)。

条件。一个电转燃气工厂的总投资额和运行费用会受到一系列因素的影响。因此,影响最终产品(氢气或甲烷)成本的因素不仅仅是电能的实际价格。事实上,年运行时间对产品成本的影响明显大于其耗电成本的影响(Kinger,2012)。与技术体系一样,总成本的构成也会受到副产品的利用率影响(详见第5章)。

就电转燃气系统副产品而言,必须考虑利用甲烷化释放的反应热,还有电解产生的氧气。甲烷化过程是放热过程,因此电转燃气会产生多余的热量。这些热量可以被利用,比如,用于二氧化碳的捕获,从而为甲烷化提供原料。在用基于胺的溶液进行化学吸收法碳捕获时,能量主要消耗在加热洗涤液进行“富液”再生的过程中。第4章介绍的一个热综合利用示例说明,甲烷化产生的热能多于碳捕获所需的热能,超出的这部分能量可用于发电。

副产品中氧气的利用可以与其他工业企业合作,如化学或冶金领域,部分发电厂(例如一些火电厂)也会需要大量的氧气。一些学者对现有工业系统进行的电转燃气的工程实践进行了研究,发现电转燃气和其他工业企业可以产生多种协同作用(Schöß 等,2014;Bergins,2014)。Bergins(2014)致力于研究电转燃气和钢铁厂的协同生产,研究的主要方向为钢铁厂利用电转燃气所产生的氧气和余热的可能性,以及这种工程项目的规模经济。Schöß 等人提出将钢铁厂产生的废气用作碳源。所有这些研究结果都适用于大型的电转燃气工厂(兆瓦级)。Schöß 等人(2014)已对功率为 53.9 MW 且甲烷产量为4507 m^3/h的电解器开展了仿真计算。

图 2.2 所示的是一种未来的大规模自给自足式电转燃气系统(Frühwrith,2014)。海上风电场将生产的可再生电能供给至附近的海上平台。在该平台上,利用合适的电解器将电能转换为氢气,然后合成甲烷。用于电解的水来自甲烷化过程和蒸发处理的海水。该过程所需的热量来自于甲烷化反应释放的热量。二氧化碳在陆上的火电厂产生,然后用泵通过管道运输至海上平台。相应地,电解产生的氧气被运输到火电厂。因此,火电厂不需要设置气体分离设备。此外,火电厂可以持续运行,并向电网提供必要的基本负载。最后,将所产生的合成天然气(SNG)在平台处液化为液化合成天然气(L-SNG),并用液化天然气(LNG)罐车运输。

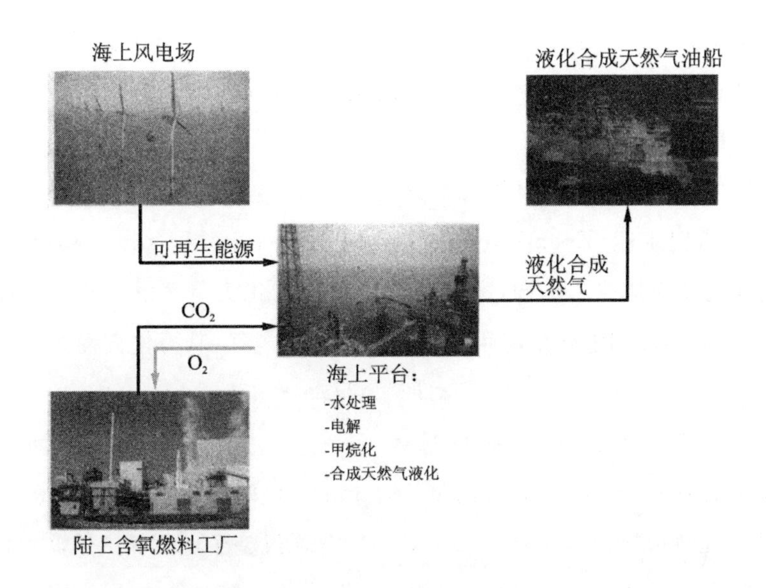

图 2.2　一个未来海上生产液化合成天然气的独立电转燃气系统

（图片由挪威国家石油公司提供，来源 http://fotoweb.statoil.com/fotoweb/Default.fwx）

上述运行模式是电转燃气技术的一种蓝图。当然它离实现还有很远的距离，但它展示了一种未来完全可以在可再生能源的基础上生产燃气的可能性。目前对这个技术的可行性研究（Frühwrith，2014）分析了这个综合系统的质量和能量平衡。如果这一技术是可行的，那么在未来这种设计将具有巨大的潜力。

2.3　相似技术

电转燃气并不是将可再生能源转换为化学储能媒介的唯一途径。除了生产氢气和甲烷，还可以生产其他化学能载体，比如甲醇、甲酸或燃料电池。这些应用途径被总结为“电转液体”（power-to-liquids），有时候也称作“电转燃料”（power-to-fuels）。水电解产生的氢气和二氧化碳一起被催化转化为甲醇，或者通过 Fischer-Tropsch 合成法变为燃料，其基本技术装置与电转燃气过程中甲烷化所用装置相似。电转液体生产的液化能量载体可以用罐车运输（如公路、铁路、船舶），而不依赖于气体管网。与电转燃气系统的产品一样，甲醇和燃料有现成的利用途径，例如用于汽车领域或化工领域。电转液体更适用

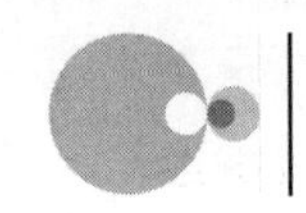

于大规模工厂,而电转燃气系统则对大、小规模工厂都同样适用(Leiter 等,2014)。因为 Fischer-Tropsch 合成法的选择性较弱,所以要投入一定的精力用于产物精制。

另外一种非常有趣并且很有前景的技术是“电转化学”(power-to-chemistry),这是赢创工业(Evonik Industries)的注册商标(Markowz,2014)。与电转燃气或电转液体技术不同,电转化学将电能转化为氢气的过程不发生在电解器中,该概念使用电弧炉将甲烷转化为乙炔和氢气,其简化方程如下:

$$2CH_4 \longrightarrow C_2H_2 + 3H_2 \quad \Delta H_R^0 = +376.8\ \text{kJ/mol} \tag{2.1}$$

这个反应的副产物之一是乙烯(C_2H_4)。一个单电弧炉的功率为 10 MW,且能够高度动态化运行,其启动时间低于 1 min。它的转化效率也很高,可以将 1 MWh转化为 0.9 MWh(Markowz,2013)。通过多个电弧炉的并联可以实现负载的灵活性。直到 20 世纪 60 年代末,乙炔一直是一种重要的化工中间体,它现在被蒸气裂化生产的乙烯和丙烯所取代,并且已被证实它们适用于所有利用乙炔的工艺路线。电转化学的另一个好处是,在 C1 烃转化为 C2 烃的过程中,副产物氢气也是有应用价值的基础化学品。最后,由于整个过程中不需要二氧化碳作为碳源,因此也节省了碳捕获的费用。不过,这种转化方式并不能起到稳定电网的作用,因为电能必须从可再生能源处输送到生产区域。另外,电转化学将可再生能源主要转化为化学中间体,这可能会导致多种电转燃气的利用途径难以实现(见图 2.1)。

2.4 天然气管网的集成

电转燃气工厂中化学转换过程的产物分别是氢气和甲烷,它们最好分别通过天然气管网[①]进行运输,并存储在管网或大型存储设施中。因此,需要对氢气或者合成天然气通入管网所产生的影响进行评估。此外,还必须考虑对注入气体的组成和体积的要求,以及对产物气体注入管网的所有限制。

当电转燃气过程链中的最终产物是合成天然气时,要求的限制条件比产

① 专为氢气设计的气体运输管道很少,使用空间有限,因此氢气可以用已有的建设完备的天然气管网进行运输。

物是氢气时要低，因为天然气绝大部分由甲烷[①]组成，从而可以将合成天然气几乎无限制地注入到气体管网中。甲烷化过程是平衡可逆反应，部分气体，比如氢气和二氧化碳，不会转化为甲烷。此外，甲烷化反应器中产生的气体混合物含有相当一部分的水蒸气，这也是甲烷化反应的主要副产物。由此可知，通过产气升级来满足将产生的合成天然气注入气体管网的要求是很有必要的。有关合成天然气组成的升级过程和相关规范将在 4.2 节和表 4.7 中给出。

目前的一些研究对氢气注入到天然气管网后产生的一系列问题进行了探讨(Müller-Syring 等，2012，2013b；Melaina 等，2013；Florisson，2010；Müller-Syring 和 Henel，2014；Haeseldonckx 和 D'haeseleer，2007)。具体来说，必须考虑以下问题。

• 对气体性质的影响，比如沃泊指数[②]和热值：评价是基于现有的天然气管网规范，以及运输气体的性能规格，如表 2.2 所示。随着氢气量的增加，沃泊指数和热值都会降低，所允许的氢气的体积百分比很大程度上取决于管网中天然气的性质。混合物中氢气的体积占比为 5%到 15%是可行的(Müller-Syring 等，2013b)。

表 2.2　不同规定下的气体性能规格(Müller-Syring 等，2013b)

参数	单位	DVGW G260	ÖVGW G31	EASEE-气体	DIN 51624
沃泊指数					
L—气体	kWh/m^3	10.5～13.0	13.3～15.7	—	—
H—气体		12.8～15.7		13.6～15.8	—
热值	kWh/m^3	8.4～13.1	10.7～12.8	—	—
相对密度	—	0.55～0.75	0.55～0.66	0.555～0.75	0.555～0.7
甲烷值	—	DIN 51624	—	—	70
氢气的体积分数	%	≤5	≤4	—	2

① 天然气可分为 H 类和 L 类(可见表 2.2)。H 类含有的 CH_4 体积大于 96%，L 类含有的 CH_4 体积大于 88%(Müller-Syring 等，2013b)。

② 沃泊指数是在规定参比条件下的体积高位发热量除以在相同的规定计量参比条件下的相对密度的平方根。相对密度是气体密度与标准条件下空气密度的比值。当热值不同时，燃烧器仍保持恒定沃泊指数。

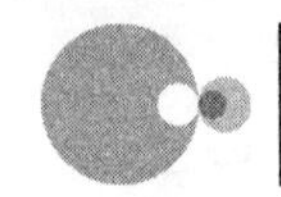

• 对气体基础设施的影响:管道、控制、配件、阀门、垫圈和计量系统。研究表明,钢和塑料管道材料通常能够处理体积分数高达30%甚至更高的氢气的混合物。虽然这会增加泄漏率,但是在经济上和生态上是可行的(Müller-Syring等,2013b;Florisson,2010)。特别地,计量系统必须为氢气混合物进行调整。

• 运输能力:氢气的体积热值是甲烷的1/3,因此在相同的气体流量下,氢气传输的能量也是甲烷的1/3。虽然混合物中每10%的氢气体积分数会使运输能力降低5%～6%(Müller-Syring等,2013b),但是一年之中也只有几天时间会用到天然气管道的全部运输能力。当传递同样多的能量时,运输体积的增加会造成压力损失变大,于是又需要增大压缩机的功率,所以还要对已安装的用来运输氢气或甲烷混合物的压缩机的容量进行评估。

• 对终端用户基础设施的影响:家庭设备。比如在房屋或公寓的供暖系统中,混合气中氢气的体积分数常常高达20%,由于火焰喷射速度较快,所以还需要对燃烧器喷嘴进行改造(Müller-Syring等,2012)。燃气轮机对氢气更加敏感,部分制造商限制氢气的体积分数在1%～2%的范围内,但是实验室研究表明将氢气的体积分数提升至14%也是可行的。类似的考虑同样适用于气体马达。

• 对汽车的影响:甲烷的体积分数由于其中混合了氢气而降低,每10%体积分数的氢气可导致甲烷有5～7个单位的减少,这可能导致发动机超过其爆震极限从而引起爆震。但是,DIN 51624中把氢气的体积分数限制在2%的要求有些过于严苛,这是由于对汽车和加油站的钢存储罐在长期情况下可以容忍多高的氢的体积分数相关知识了解不足。

• 对地下气体存储设施的影响:在天然气的存储方面,目前采用的是枯竭油气田型和岩盐洞穴型储气库,因为油气储层为地下深处多孔岩层,所以还有一些基本问题尚未得到解决,例如,储层中的微生物反应问题、二次混合过程以及储层对地球化学条件造成的常见影响。目前,这些问题在由奥地利工业和大学联盟进行的一个研究项目中得到了解决①。

---

① http://www.underground-sun-storage.at/en.html.于2014年5月22日访问。

由于管网中不同位置处的天然气气流不同，而氢气体积分数的最大值会受到其注入管网位置处的天然气气流的限制，所以氢气不太适合在管网中气体流量低的位置注入。

目前来说，建议在有天然气填充站连接到气体管网的情况下，将天然气管网中氢气的体积分数限制为 2%；在没有天然气填充站、气体涡轮机或气体马达连接到天然气管网的情况下，将氢气的体积分数限制为 10%。

参考文献

[1]Ausfelder F, Bazzanella A(2008)Verwertung und Speicherung von CO_2. Dechema, Frankfurt/Main.

[2]Baehr HD(1996)Thermodynamik, 9th edn. Springer, Berlin, p 134.

[3]Bergins C(2014)Energiewende umsetzen mit dem Großanlagenbau. Presentation at ProcessNet-Fachgruppe "Energieverfahrenstechnik", Karlsruhe, Hitachi Power Europe, 18, February 2014.

[4]Bilfinger Industrial Technologies(2014)Power-to-liquids. http://www.sunfire.de/wp-content/uploads/BILit_FactSheet_POWER-TO-LIQUIDS_EMS_en.pdf. Accessed 25 May 2014.

[5]Deutsche Energieagentur(2013)Strategieplattform Power-to-Gas. Thesenpapier: Technik und Technologieentwicklung. http://www.powertogas.info/fileadmin/user_upload/downloads/Pos itionen_Thesen/PowertoGas_Thesenpapier_Technik.pdf. Accessed 7 May 2014.

[6]Egner S, Krätschmer W, Faulstich M(2012)Perspektiven der Energiewende. In: Lorber K et al. (eds)DepoTech 2012, Tagungsband zur 11. DepoTech Konferenz, Leoben, pp 49-56.

[7]Florisson O(2010)Naturally preparing for the hydrogen economy by using the existing natural gas system as catalyst. Final publishable activity report, N. V. Nederlandse Gasunie.

[8]Frühwirth V(2014)Feasibility study of a large scale power-to-gas system. Master thesis, Montanuniversität Leoben(in preparation).

[9]Grond L,Schulze P,Holstein S(2013)Systems analyses power to gas:deliverable 1:technology review. DNV KEMA energy&sustainability,Groningen.

[10]Haeseldonckx D,D'haeseleer W(2007)The use of the natural-gas pipeline infrastructure for hydrogen transport in a changing market structure. EHEC2005 32(10-11):1381-1386.

[11]Karlsruher Institut für Technologie(ed)(2014)Power-to-Gas:Wind und Sonne in Erdgas speichern. http://www. kit. edu/downloads/pi/KIT_PI_2014_044_Power-to-Gas_-_Wind_und_Sonne_in_Erdgas_speichern_pdf. Accessed 23 May 2014.

[12]Kinger G(2012)Green energy conversion and storage(Geco). Endbericht for FFG project 829943,Wien.

[13]Leiter W,Schüth F,Wagemann K(2014)Diskussionspapier:Überschussstrom nutzbar machen. Dechema,Frankfurt. http://dechema. wordpress. com/2014/01/31/ueberschussstrom_1/. Accessed 15 May 2014.

[14]Markowz G(2013)Power-to-Chemistry® Ein alternatives Konzept zur chemischen Energiespeicherung. Presentation at Dechema Kolloquium,Wind-to-Gas"Frankfurt,Evonik Industries,7 March 2013.

[15]Markowz G(2014)Power-to-Chemistry® Strom speichern im industriellen Maßstab. Presentation at Innovationskongress Berlin,EVONIK Industries,7 May 2014.

[16]Melaina MW,Antonia O,Penev M(2013)Blending hydrogen into natural gas pipeline networks:a review of key issues. National Renewable Energy Laboratory,Golden.

[17]Müller-Syring G,Hüttenrauch J,Zöllner S(2012)Erarbeitung von Basisinformationen zur Positionierung des Energieträgers Erdgas im zukünftigen Energiemix in Österreich:AP 2:Evaluierung der existierenden Infrastrukturen auf Grundlage der ermittelten Potentiale. Abschlussbericht,Leipzig.

[18]Müller-Syring G et al(2013a)Entwicklung von modularen Konzepten zur Erzeugung,Speicherung und Einspeisung von Wasserstoff und Methan ins Erdgasnetz. DVGW Bericht zu Fördezeichen G1-07-10:119.

[19]Müller-Syring G et al(2013b)Entwicklung von modularen Konzepten zur Erzeugung,Speicherung und Einspeisung von Wasserstoff und Methan ins Erdgasnetz. Abschlussbericht. DVGW Förderkennzeichen G1-07-10, Bonn.

[20]Müller-Syring G. Henel M(2014)Auswirkungen von Wasserstoff im Erdgas in Gasverteilnetzen und bei Endverbrauchern. Gwf Gas-Erdgas:310-312.

[21]Schöß MA, Redenius A, Turek T, Güttel R(2014)Chemische Speicherung regenerativer elektrischer Energie durch Methanisierung von Prozessgasen aus der Stahlindustrie. Chem Ing Tech 86(5):734-739.

[22]Sterner M(2009)Bioenergy and renewable power methane in integrated 100% renewable energy systems. Dissertation,Universität Kassel.

[23]Sterner M,Jentsch M,Holzhammer U(2011)Energiewirtschaftliche und ökologische Bewertung eines Windgas-Angebotes. Fraunhofer IWES, Kassel,p 18.

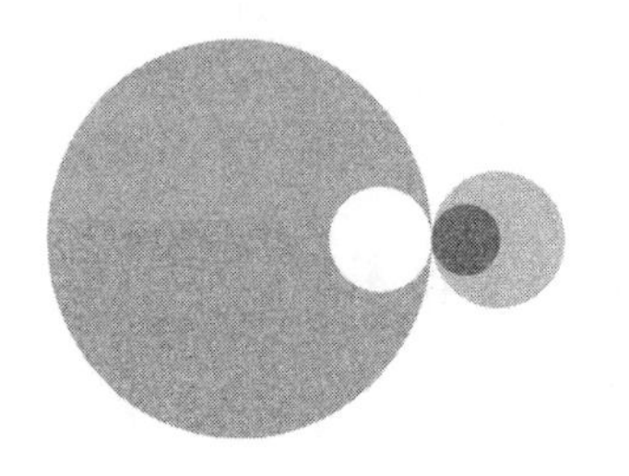

第3章 水电解

本章将对水电解技术的基本内容进行总结。首先介绍电解的基础概念，这部分内容主要包括水电解的基本操作模式、确定电解器效率的不同方式，以及优化电解性能的基本方法。然后将详细介绍三种主要的水电解技术，即碱性电解池（AEC）、聚合物电解质膜电解池（PEMEC）和固体氧化物电解质电解池（SOEC）。最后讨论几种主要技术的工艺水平现状、典型系统设置、操作特征、主要组成材料、技术优势和缺陷、目前和未来的发展趋势，以及未来将面临的挑战。

3.1 简介

希腊语中“lysis”的意思是“分解”，和这个词类似的“electrolysis（电解）”表示一种电能作为主要驱动力参与化学反应的分解过程。就水的电解而言，向水施加一个电压和直流电，就可使水分子分解，产生氢气和氧气。因此，水电解器基本上是一个将电能（有时也包括热能）转化为化学能的电化学装置。能量的存储介质——氢气是目前水电解的主要经济价值。

氢是元素周期表中最简单且最轻的元素，氢气无色、无味、无毒。氢气的全球年产量约为5500万吨，它是一种基本的工业原料，主要用于氨和甲醇的生产、石油精炼、化工、电子、金属、玻璃和食品工业等。目前大约95％的氢气是从化石燃料中得到的，仅有4％是通过电解生产的(Holladay等，2009)。

氢气具有很高的质量能量密度(33.3 kWh/kg)，是基于液态烃类的能量载体的3倍。氢气不是一次能源，而是一种具有很多优势的二次能源载体，这在目前很受重视。在当前已知的替代能源、通用能源载体和能量存储介质中，氢气可能是最具长期潜力的，因此学术界对氢气的关注越来越多。

由于大规模一体化的可再生能源系统的持续发展，我们的能量系统正在发生显著变化。在这个变化过程中也产生了一系列新的挑战，特别是一些由于风电和光电的间歇性而造成的问题，例如：系统操作、负载平衡、分布式发电管理和剩余能量的存储与利用等问题的挑战。水电解制氢技术可以帮助应对这些挑战，因为它能将电能进行存储和传输，以便各经济部门能在独立的时间内使用。水电解制氢技术在本书中放在电转燃气技术范畴下讨论。

水电解在电转燃气系统中发挥了核心作用，它代表了电能和化学能之间的联系，这与所生产的氢气是以它的基本形式来被利用，还是作为后续反应的中间体无关。电转燃气系统的电解器主要有以下几点要求：高度动态的操作模式；充分高效、能使气体达到令人满意的纯度的较宽部分负荷范围；电堆设计紧凑；有较高的单位能量密度、高生产能力；具有较低的投资与独立运营成本等。尽管水电解技术已经发展成熟，但是仍需要进一步的改进以满足上述要求。目前大量的基础研究、应用研究和系统开发工作已经为实现水电解制氢进入更宽广的市场，以及将更大的电转燃气工程整合到电网中铺平了道路。

3.2 历史背景

水电解是一个相当古老的课题，它已被人们熟知了约200年。因为在文献中发现了几种截然不同的说法，所以目前还不清楚到底是谁首先发现水电解的。然而，Trasatti (1999)和De Levie (1999)指出，1789年，两个荷兰人Adriaan Paets van Troostwijk(1752—1837)和Jan Rudolph Deiman(1743—1808)最先观察到水会由于放电作用分解成“可燃气体”和“生命供给气体”的混合物。1800 年,两个英国人 William Nicholson(1753—1851)和 Anthony Carlisle(1768—1840)首次观察到由直流电引发的水分解现象。大约在 30 年后(即 1834 年),英国科学家 Michael Faraday(1791—1867)发现了电解的基本物理定律。

这是工业电解槽逐步发展的起点(Kreuter 和 Hofmann,1998)。1902 年,全球有超过 400 个工业电解器已被投入运行。1939 年,挪威公司 Norsk Hydro-Electrolyzers 建造出第一个氢的产量高达 10000 m^3/h 的电解厂,并实现运行。1948 年生产出第一台加压电解器,1966 年制造出第一个固态高分子电解质膜电解器,几年后(1972 年),固体氧化物电解质电解器开始得到发展。

3.3 水电解的热力学

水分解反应的总反应式为:

$$H_2O \longrightarrow \frac{1}{2}O_2 + H_2 \tag{3.1}$$

$$\Delta H(T) = \Delta G(T) + T\Delta S(T) \tag{3.2}$$

式中:$\Delta H(T)$是提供给电解池的总能量,该能量可以使水分子分解,见式(3.1);$\Delta G(T)$为吉布斯自由能的变化,代表总的电能;$T\Delta S(T)$为热能。这些电能和热能被提供给电解池,以驱动水的分解反应。

使水分解反应发生所需的最小电池电压以可逆电压 V_{rev} 表示,可逆电压与吉布斯自由能的关系式为:

$$V_{rev} = \frac{\Delta G}{nF} = 1.23\ \text{V} \tag{3.3}$$

式中:n 是电子转移数;F 为法拉第常数,等于 96485 C/mol。当 $\Delta G = 237.22$ kJ/mol(在一个标准大气压和 298 K 下),计算出来的可逆电压 V_{rev} 为 1.23 V。

热中性电压 V_{th} 与水分解反应的焓变化有关,即

$$V_{th} = \frac{\Delta H}{nF} = \frac{\Delta G}{nF} + \frac{T\Delta S}{nF} = 1.48\ \text{V} \tag{3.4}$$

当 $\Delta H = 285.84$ kJ/mol,$T = 298$ K 时,得到热中性电压 V_{th} 为 1.48 V。

如果电解池的电压 E_{cell} 高于可逆电压 V_{rev} 但是低于热中性电压 V_{th},则水分解反应将从环境中吸收热量,因为电解池的放热与不可逆过程熵的变化有

关。如果电解池电压等于热中性电压，则由于电解池内电解产生的焦耳热等于吸热电解反应的耗热量,因此不需要与环境进行热交换。如果电解池电压大于热中性电压,则焦耳加热效应会使电解池内产生余热,从而会使系统退化,因此必须进行适当冷却以减小这种影响。

操作温度和压力对电解器系统来说是很重要的参数,必须精心选择。图 3.1 所示的是,纯粹从热力学的角度看,水电解的各方面能量需求及其相应的电压与温度的依赖关系。由于水在 373 K 的温度下蒸发,因此总能量需求曲线是不连续的并且在特定的物质状态下几乎保持不变。从图 3.1 可以很清楚地看出,如果蒸气可以作为原料,那么蒸气电解相比水电解所需要的能量更少。电能需求持续随温度上升而下降,当温度从 273 K 升到 1273 K 时,电能的需求量减少了约 30%。

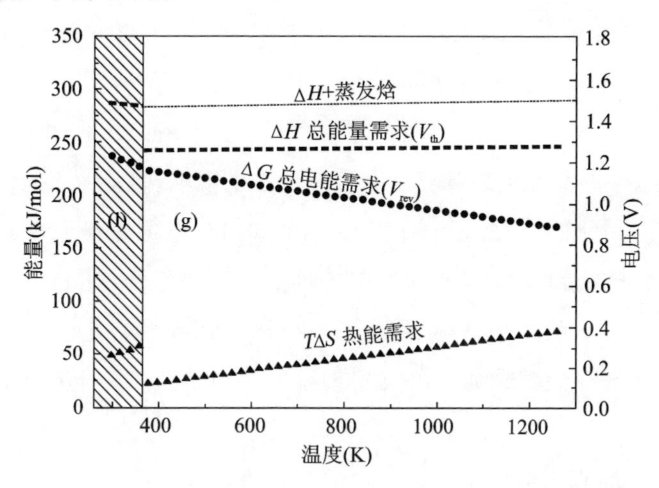

图 3.1 水电解器的热力学和电压与运行温度的函数关系

(计算数据来自 Dorf(2004))

压力对电池电压的影响是很小的,并且可以通过著名的能斯特方程

$$\Delta V = V - V^0 = -\frac{RT}{n\mathrm{F}}\ln\frac{1}{\sqrt{P}} \tag{3.5}$$

估算出来。式(3.5)中,R 是摩尔气体常数(8.314 J/(mol·K))。假设电解池内的总压力 P 和两个电极内的压力都相等。当温度从 298 K 升到 1073 K 时,电解池的总压从 1 bar 增加到 200 bar,则理想电池的电压将分别改变 34 mV 和 122 mV。尽管提升总压会导致理论上的可逆电压升高几个百分比,但这也

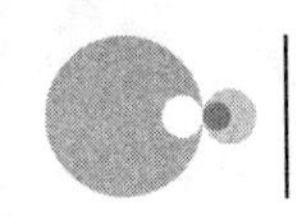

会对与系统相关的方面如操作电压、电流密度、压缩氢气的生产成本等产生积极的影响。

3.4 电解器效率

常见的对水电解效率的定义有很多种。例如分别基于电解池水平、电解堆水平以及系统水平,包括能量效率、电压效率和电流效率等。为了比较不同的系统或技术,首先必须要确定使用哪种类型的效率定义。

电解器系统的能量转化效率一般定义为

$$\eta_{sys}=\frac{能量输出}{能量输入}\longrightarrow\frac{H_2\text{ 的热值}}{电能输入} \tag{3.6}$$

其中包括了电解器所有组件的总体能量需求。

能量的输出通常仅仅是指氢气的热值,它可以用氢的高热值(HHV=3.54 kWh/scm,scm 为标准立方米[①])和低热值(LHV=3 kWh/scm)表示。由于通常用液态水作为原料,因此水蒸发所需的能量也必须纳入计算。系统效率应该用 H_2 的高热值来计算。在传统的水电解中,能量输入通常受到电能的限制(除了在操作电压低于热中性电压 V_{th}时)。就电能输入方面而言重要的是,其供能于单片电解池,或称为电解堆的一组电解池,还是包含所有辅助设备所需电能在内的整个电解器系统。另外,使用一些特定的系统或电池也会影响能量的转化效率。如果电解器系统的利用率低于额定功率的 50%,则通常能源效率会减少 10%~30%,这使得间歇电能的输入变得尤为重要,尤其是在电转燃气的应用中。

在电池或电解池堆级别上,电能效率 η_{el}是由电压效率 η_V乘以法拉第效率 η_F所得,即

$$\eta_{el}=\eta_V * \eta_F=\frac{V_{th}}{V_{app}} * \frac{n_{meas}}{n_{th}}\longrightarrow\eta_V \tag{3.7}$$

由法拉第定律可得,η_V等于热中性电压 V_{th}和外加电压 V_{app}之比,而 η_F等于测量到的产生的氢原子数量 n_{meas}与理论上产生的氢原子数量 n_{th}之比。由于

① scm 为标准立方米,即标准条件下 1 立方米天燃气,标准条件定义为 1.01325 bar 大气压和温度为 15 ℃。

η_F通常在相当大的电流范围内接近1，所以电能效率η_{el}近似等于电压效率η_V，

当传统电解器的η_{el}远低于1时，存在例如内阻和过电压等不可逆的损耗，导致水电解器的操作电压超过1.48 V。另外，这些参数会随着电流密度的变化而变化。因此，操作电压取决于电解器的特定设置和特定操作模式。操作电压可表示为可逆电压(V_{rev})和一些额外的过电位之和，即

$$V = V_{rev} + V_{act} + V_{ohm} + V_{con} \tag{3.8}$$

活化过电位V_{act}是由于阳极和阴极处电极动力学的限制而产生的。阳极处更为复杂的氧化反应决定了活化过电压V_{act}。不论是提高阴极还是阳极的催化剂活性，都可以降低相应的活化过电位。V_{act}表现出与电流密度的对数的相关性，因此在较高的电流密度下其值几乎恒定不变。

过电位V_{ohm}是由欧姆电阻引起的，主要与通过电池的电流成比例。这些损失是由电子和离子在通过电池的特定部分时所受到的阻力造成的。由欧姆定律可知，V_{ohm}与电流密度成线性相关，因此在较高的电流密度下其所造成的影响变得更为重要甚至有时会占据主导地位。

浓差过电位V_{con}主要由气体产物的质量传输受限所引起，它可以通过电池的最佳几何设计来最小化。V_{con}通常是这里所介绍的三个过电位中最低的一个。

在给定的电解器设置和一定的电流密度下，总过电压会随着温度的增加而降低，这是由于总体动力学得到了改善。正如前一节所述，提高操作温度对ΔG具有良好的热力学效应，因此其对可逆电压也同样具有良好的热力学效应。由于以上这些原因，最终操作电压会随着温度的增加而显著降低。而操作压力几乎不会影响电解过程的热力学或动力学的参数，因此在电池效率上它并不重要，但操作压力在随后所描述的系统效率方面会变得重要。

3.5 碱性电解器

3.5.1 工作和设计原理

碱性电解器电解技术是目前发展最为成熟的水电解技术。AEC电解器是当前大规模工业电解应用中的标准系统。如图3.2所示，一个AEC电解器

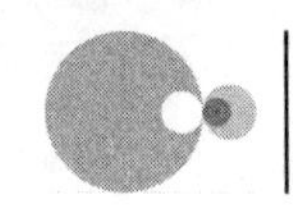

基本上是由两个电极组成的，这两个电极完全浸入到质量分数为 20%～40%的 KOH 电解液中，中间用一个微孔分离膜将阴极、阳极两个区域分隔开。大多数的电极是由镍或镀镍铜制成的。之所以选择采用 KOH 溶液作为电解液而不是 NaOH 溶液，是因为 KOH 溶液具有更高的电导率。电解池通常置于用钢材料制成的隔间中，可将产物气体从产生的气液两相流中分离，然后将分离后的电解液用泵抽回到电解池中。虽然在反应过程中电解液没有消耗，但由于存在各种各样的物理损耗，因此仍需要定时给予补充。

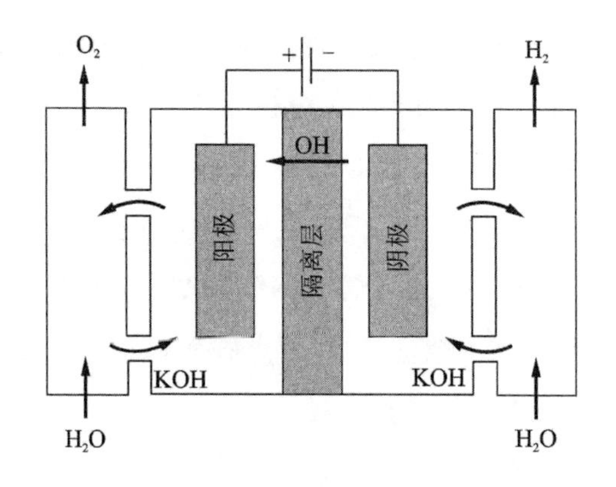

图 3.2　碱性电解池的工作原理示意图

根据半反应式(3.9)，将直流电施加在碱性电解器上后，阴极上会有氢气析出，并产生氢氧根离子。氢氧根离子通过微孔分离膜进行迁移，根据半反应式(3.10)，在阳极上氢氧根离子被氧化。在电解池运行过程中，水被消耗，但 KOH 并没有消耗。因此，必须连续不断地向电解池里供水(不考虑电解质的物理损失)。

阴极：
$$2\,H_2O+2\,e^- \longrightarrow H_2+2\,OH^- \tag{3.9}$$

阳极：
$$2\,OH^- \longrightarrow \frac{1}{2}O_2+H_2O+2\,e^- \tag{3.10}$$

在一个电解池电堆中，电解池单元可以并联堆叠(单极性电解器)，也可以互相串联(双极性电解器)。尽管双极性电解器比较复杂，并且需要较高的制造精度，但由于其欧姆损耗明显更低，所以当前更倾向于使用双极性电解器。传统的电解器通常是由 30～200 个电解池单元组成的，每个电解池单元的有效膜面积在 1～3 m^2的范围内。

另一个重要的设计问题与电极和分离膜的间距有关。间距越小，由电解液的电导率限制和反应中产生的气泡所造成的电解器欧姆阻抗就会越小，这个间距可以慢慢趋近于零。目前正在开发这种零间距系统，研究的关键是消除从电极内部界面产生的气泡。这种零间距结构的缺点是会使故障率变高，并且要求装置有更高的制造标准。可以通过在电极内部界面插入电解液吸收层或者使用可以直接接触分离膜的气体扩散电极来实现零间距系统（Marini等，2012）。另一种实现零间距系统的方法需要将AEC系统从根本上进行改进，使用阴离子交换膜代替液体电解质和传统的分离膜（Pletcher和Li，2011）。气体扩散电极可以机械地压在阴离子交换膜上或直接制备于膜表面上。这种技术大部分是从典型的聚合物电解质膜燃料电池（PEMFC）和聚合物电解质膜电解池（PEMEC）中借鉴而来的。聚合物电解质膜电解池将在下一节中进行更详细的描述。

最后一个重要的基础设计因素与电解质液流和气体分离过程有关，它们对系统内部的传质有重要的影响，并且这种影响的程度随着操作电流密度的增加而增加。

3.5.2 运行条件、性能和容量

传统AEC系统的电流密度范围通常为300～500 mA/cm^2，电压范围通常为1.9～2.4 V，温度范围通常为70 ℃～90 ℃。大部分的碱性电解器是在大气压下运行的。加压的碱性水电解系统的操作压力通常可达到15 bar且很少高于这个水平。商用电解系统的生产能力在1～760 scm/h(H_2)范围内。目前最大的碱性水电解设施是由几个单个的电解系统所构成的联合系统，其总容量大于10000 scm/h(H_2)。通常的碱性水电解设备生产的氢气纯度至少为99.5%。

系统效率很大程度上会随着系统大小的变化而变化，同时它也取决于特定的纯度要求和压力水平。如果单位能耗在4.3～5.5 kWh/scm H_2的特定范围内，以氢气的高位热值计算的系统效率为60%～80%。与加压的电解器相比，在大气压下运行的电解器的效率要略高一点，但是随着电解系统的规模逐渐增大，加压与否对效率的影响会越来越小。

就动态操作而言,传统碱性电解器可以在额定功率的20%～100%下运行,然而在额定功率的50%以下运行会明显导致气体质量和系统效率的下降。传统系统需要很长的启动时间(几分钟或者几小时,这取决于是在待机还是在冷启动下运行),通常系统很难快速地跟上变化的能量输入。

3.5.3 电解池元件

基本的壳体材料——分隔板和分电器通常是由镍、镍镀钢或者镍镀不锈钢制造而成的。在目前的标准中,密封结构需要使用聚合物或者金属材料。当前的研究主要集中在开发新的分隔膜、高效耐久的电极和固体电解质中。为了尽可能避免增加电解池电阻,分隔膜必须保证对正负两极的电解液和产生的气体实现良好的分隔,同时还需要保证离子有选择性地进行传输。以前人们大量使用石棉作为分隔材料,然而由于其在高温下的腐蚀问题以及对身体健康的危害,在过去几十年内研究者已经开发了很多可以代替石棉的材料。现在主要以磺化聚合物、聚苯硫醚、聚苯并咪唑和它们的复合材料来生产分隔膜(Otero 等,2014)。尤其是已经被广泛研究的 Zirfon,它是在聚砜基质上添加质量分数为60%～80%的 ZrO_2 的一种聚合物,目前具有很大的商业价值(Vermeiren,1998)。在其他人的研究中,将 TiO_2 或者 Sb_2O_5 颗粒嵌入到各种聚合物上而制成的复合材料也表现出很好的性能(Modica 等,1986)。

用于电解的电极需要具备良好的催化活性和较长的使用寿命。想要提高电极的催化活性,就必须提高电极的电化学活性表面积,具体可通过选择合适的材料和制备出多孔的纳米结构来实现。电极表面通常要进行进一步活化(异位或者原位),这可以通过各种各样的方法,例如蚀刻、烧结、喷砂、复合涂覆、喷涂或者电镀来完成电极表面的修饰与活化过程。为了尽快排除电极反应区域处的气泡,通常要在电极上打一些孔径为0.1～1 mm 的孔。电极通常是在载体材料的基础上制备而成的,载体有板型、网型或泡沫型等。

考虑到电极材料需要具备良好的稳定性、较高的活性和相对较低的成本,目前镍是最具优势的电极材料。因此,经常使用雷尼镍(一种镍铝合金)作为原料,用碱性溶液腐蚀掉表面的铝,这样就可以得到一个多孔的表面结构。目前正在研究稳定的涂层或者可替代的电极材料,最近已经有很多种有前景的电极材料被开发出来，例如阴极材料有 Ni-Mo、Ni-MoO_x、Ni-Fe、Ni-Co、Ni-V、Ni-S、Fe-Co（Subbaraman 等，2012；Zeng 和 Zhang，2010；Pletcher 等，2012；Kaninski 等，2009），阳极材料有 Co_3O_4、$NiCo_2O_4$、$LaNiO_3$、La-Ca-CoO_3、La-Sr-Co_3O_4（Subbaraman 等，2012；Lal 等，2005；Suntivich，2011；Singh 等，2007）。

3.5.4 技术现状和挑战

碱性水电解是一种较为成熟的技术，而且是目前大规模（兆瓦级）电解制氢的标准工艺。这项技术的主要优势在于其寿命长、技术成熟、不需要 PGM（铂族金属合金）并且单位成本相对较低。

碱性电解池的两个主要缺点是电流密度低和操作压力低。电流密度的重要性在于它影响着系统的大小以及产氢成本。提高电极的催化活性、优化电极设计、优化分离膜以及提高系统的压力是当前研究与开发的主题，其研究目标是将电流密度提高到目前的 1.5 至 2 倍。在很多应用中，尤其当需要存储或者运输所生产的氢气时，需要用外部压缩机来压缩氢气，这就增加了系统的复杂性并且提高了成本，因此提高操作压力有利有弊。目前的研发目标通常是将压力提高至 60 bar。

至于系统耐久性，通常的衰减速率为 1～3 μV/h，可以提供数十万小时的运行，并且每隔十年需要常规性的大检修。这已经可以很好地满足工业使用需求。目前典型的系统效率，尤其是较大的系统，也处在一个相对较高的水平，正如前文所述。

上述分析适用于在恒定的操作条件下的常规工业应用，其产氢的速率水平恒定。在电转燃气的应用过程中，电解器的主要电能来源于间歇性的可再生能源发电。到目前为止，这种动态操作常常会导致产气质量降低、系统效率降低、系统频繁故障，并且降低系统的耐久性。电解系统对负载快速变化的响应速度不受电化学反应的动力学限制，而是受辅助系统的惯性所限制。最近的报告显示，专为间歇供电而设计的高级碱性系统能够在额定功率 10%～100%的范围内工作，并且能够在几秒内完成响应。相比较长的冷却后启动时间，在低功率状态下持续运行时，如何保持电流稳定和气体的纯度仍然是间歇

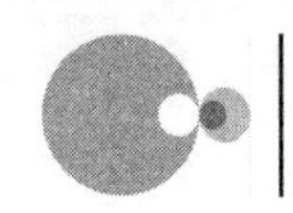

运行的碱性电解器所要解决的关键问题。然而，对这种间歇操作的碱性电解器的使用寿命的影响因素仍然未知，阐明这些复杂的问题是当前研究的主题。目前这些先进的电解系统只能小规模使用，和其他电解技术一样，接下来还必须解决它扩大规模后所带来的问题。

以欧元每千瓦计算的碱性电解系统的单位投资成本主要取决于系统的规模和操作压力。在工程规模较大时，加压系统大致上要比常压系统投资增加20%～30%。将电解系统的功率从千瓦级别提高到兆瓦级别时，以欧元每千瓦计算的碱性电解系统的具体投资成本会减少60%～67%。粗略估计后，平均投资成本为1000～1300欧元每千瓦。电解池电堆通常占总系统成本的50%～60%，这与电解系统的设备配置是一致的。如果通过添加组件（例如增强型净化系统、压缩机、更高效的交流/直流转换器等）来升级系统，会增加25%～50%的基本成本。对于碱性电解技术而言，未来可能主要通过扩大工程规模来降低投资成本，而不是优化系统中单个设备的性能。

总的来说，碱性电解池发展较成熟，工程规模较大，投资相对较低。电流密度较低和动态操作模式有限是当前限制其发展的主要因素。如何使该技术更好地应用于电转燃气系统将需要进一步的研究。

3.6 聚合物电解质膜电解

3.6.1 工作和设计原理

聚合物电解质膜电解池（PEMEC）型电解器是第二种重要的水电解技术。这个技术总体而言没有AEC那么成熟，到目前为止，在商业上主要用于小规模、小范围的应用。然而，随着人们对水电解系统的兴趣日益增长，以及它有机会克服常规AEC技术的一些严重局限，PEMEC技术目前受到了广泛关注。

聚合物电解质膜电解池的示意图如图3.3所示。聚合物电解质膜电解池使用薄质子传导膜（50～250 μm）作为固体聚合物电解质，而不是前文中提到的常规AEC电解器通常使用的液体电解质。这种膜及其每一侧的电催化层的集合通常称为膜电极集合（MEA）。MEA是PEMEC型电解器的核心元件，并且通过多孔集流体层连接导电到电解池分隔板，这些分隔板通常含有成型的流道以优化传质。通常进料到阳极室中的纯水(18 MΩ·cm)沿着带有流场的双极板(分隔板)行进,或通过集电器分离气体扩散层向催化层扩散,在催化层依据反应式(3.12)发生了氧化反应。氢离子穿过质子交换膜朝阴极侧转移,根据式(3.11)在阴极区域反应产生氢气。

阴极: $$2\,H^+ + 2\,e^- \longrightarrow H_2 \tag{3.11}$$

阳极: $$H_2O \longrightarrow \frac{1}{2}O_2 + 2\,H^+ + 2\,e^- \tag{3.12}$$

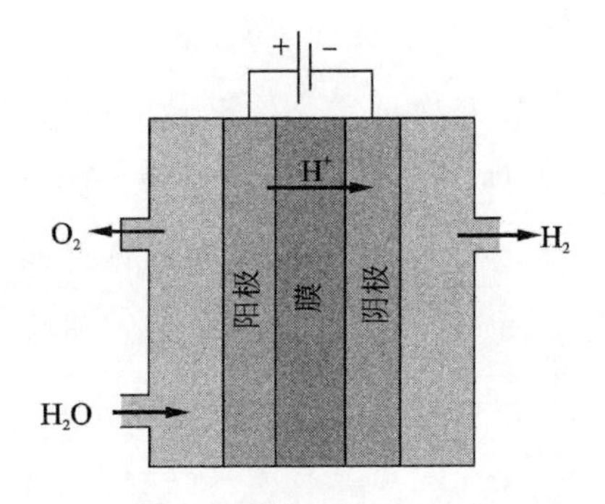

图3.3 聚合物电解质膜电解池运行原理示意图

堆叠单电解池通过串联(双极性电解器)的方式进行连接。市售的电解池堆通常由多达 60 个单电解池组成,每个单电解池的典型有效膜面积在 100~300 cm^2 的范围内,与 AEC 系统相比,该电解池堆的堆面积是 AEC 系统的 $\frac{1}{10}$ 到 $\frac{1}{5}$。

由于省去了液体电解质和其所有的相关设备(泵、气体分离等),固体电解质电解池通常具有更紧凑的系统设计。

3.6.2 运行条件、性能和容量

聚合物电解质膜电解池系统通常在 1~2 A/cm^2 的电流密度下运行,这比在 AEC 运行时要高约 4 倍,相应的电压则控制在 1.6~2 V 的范围内。已有研究表明,在实验室条件下,当电解池电压小于 2.5 V 时,电流密度可高达 5~10 A/cm^2。基于 H_2 的 HHV 的系统效率通常在 60%~70%的范围内,工作温度主要在 60 ℃~80 ℃的范围内。大多数 PEMEC 系统在 30~60 bar 的高压水平下工作,并且不需要额外的压缩单元。一些系统甚至还能在不使用外

部压缩机的情况下输送 100～200 bar 的 H_2 压力。

目前市售的聚合物电解质膜电解池系统的生产能力通常在 1～40 scm/h (H_2)的范围内。氢气纯度水平至少为 99.99%,而主要杂质是来自于阳极侧的氧气。

聚合物电解质膜电解池系统可以以高度动态的方式运行,几乎涵盖了额定功率的 0%～100%的整个范围,并且能够适应 100 ms 内的功率波动。

3.6.3 电解池元件

聚合物电解质膜电解池系统的常见问题是电解质膜的高酸性,其大致相当于 1 M 的硫酸溶液。此外,在高电流密度下施加的高电压把电池组件材料的选择限制在稀缺和昂贵的材料上,这样苛刻的条件通常是开发新型堆叠材料时将面临的挑战。

聚合物电解质膜电解池最常用的膜是 Nafion 膜,一种基于全氟磺酸的质子传导膜(Ito 等,2011)。Nafion 膜具有相当好的力学性能和电化学稳定性,还有低气体穿透率和在约 0.1 S/cm 范围内的高质子传导率。其主要缺点是高成本和水辅助型的质子传导机制,这使得操作温度被限制在 80 ℃以下。如今为了克服这些限制,人们对可替代的聚合物开展了研究,如磺化聚醚醚酮(SPEEK),聚醚-砜(PES)和磺化聚苯基喹喔啉(SPPQ)等(Mittelsteadt 等,2012)。到目前为止,替代聚合物电解质与 Nafion 膜相比,通常其可施加的电流密度和耐久性都较低。不过,即使是 Nafion 膜也不能完全满足商业化电解系统的稳定性要求,无论是它的机械学或是化学衰退机制都未被认识完全。这些膜的机械强度可以通过引入增强剂而大大改善,而化学稳定性则可以通过加入无机或有机填料来增强,例如交联剂或自由基清除剂。提高操作温度通常会引起聚合物膜(包括 Nafion 膜)明显的热降解。操作温度可以通过在常见的聚合物电解质的基质中加入添加剂如 ZrO_2、TiO_2、SiO_2 等(Goñi-Urtiaga 等,2012),或者通过使用替代聚合物(或共聚物)如聚[2,2′-(间亚苯基)-5,5′-二苯并咪唑](PBI)(Aili 等,2011)来提高。目前,加入添加剂的方法可以使操作温度在 100 ℃～150 ℃的范围内,而 PBI 则可以在高达 200 ℃的温度下使用。

用于聚合物电解质膜电解池的典型催化剂是由铂族金属(PGM)制成的。一方面,它们具有优良的电化学活性和稳定性,但另一方面,它们又是稀缺和相当昂贵的(Carmo 等,2013)。Pt 和 Pt-Pb 混合物是最常用的阴极催化剂材料。虽然一般认为 RuO_2 是阳极氧析出的最活跃的催化剂,但它在较高电位下并不稳定。因此,RuO_2 必须用 Ir 或 IrO_2 进行稳定化,这代表着迄今为止使用最广泛的氧析出催化剂体系(Carmo 等,2013)。通过用非贵金属氧化物掺杂,例如 SnO_2、Ta_2O_5、Nb_2O_5,可进一步稳定催化剂和以任意比例降低铂族金属(PGM)的含量(Rasten 等,2003)。另一种降低铂族金属催化剂含量从而降低成本的常见方法是,将催化剂纳米颗粒分散在导电或非导电的支撑材料上。在阴极侧,广泛使用的是碳基支撑材料如石墨或炭黑。由于在阳极侧恶劣的氧化条件下,碳基材料降解过快,于是为此开发了一些用于替代的支撑材料,例如 TiO_2、TaC 或 SiC(Ito 等,2011;Polonsky 等,2012)。目前,通常情况下的铂族金属含量范围在阴极侧为小于 1 mg/cm^2,在阳极侧为 2~3 mg/cm^2。最近有研究表明,称为 3M 的纳米结构薄膜(NSTF)催化剂技术中的纳米级支撑材料(Debe,2012),如碳纳米管或纳米级有机晶体管可以将铂族金属的含量进一步降低至约 0.1 mg/cm^2。除了减少铂族金属的含量以外,基于各种其他元素的可用替代催化剂材料正日益受到关注,尤其是将其用在析氢反应的催化剂中,尽管析氧反应对于电解器的限制更为显著。

除了各种二元、三元或四元合金外,大环化合物如 Co、Ni-乙二肟或者多金属氧酸盐如 $\alpha\text{-}H_4SiW_{12}O_{40}$(Millet 等,2010)已经测试成功,并且在典型的电流密度和电解池电压下显示出良好的初始性能。替代催化剂材料对使用寿命的影响仍然是未知的,其相关的评估目前是各研究项目的课题之一。

双极板(Jung 等,2009)和集流体(Grigoriev 等,2009)通常用钛(Ti)制成,钝化氧化物层保证了其所需的耐腐蚀性。由于该氧化物层会对接触电阻产生负面影响,所以钛表面必须通过表面改性或添加保护涂层(如 Au、Pt、碳化物或氮化物)的方式来加以保护。钽涂层金属也很少用于这种电解池组件。双极板通常有流场图案以优化电解池堆的传质性能。在一些情况下,需要使用专门设计的集流体代替这种流场。通常集流体以烧结多孔介质、网或毡的方式进行制造。当前的研发活动旨在用较低成本的材料(如铜、不锈钢或石墨)

来替代 Ti,同时这些材料必须涂覆有高电导性和耐腐蚀的保护层。

3.6.4 技术现状和挑战

总体而言,与 AEC 技术相比,聚合物电解质膜电解池技术还不太成熟,目前仅用于小规模应用。不过,这种技术在过去十年中受到了极大的关注。这主要归因于其关键性优点,如高电池效率、在低电池电压下的高电流密度(这就意味着有高功率密度)以及提供高度压缩的氢气的能力。此外,PEM 技术具有快速启动和关闭负载的能力,以及在 5%～100%的部分负载范围内实现了高度灵活的操作模式,可直接耦合到间歇性的可再生能源,并连接到高压储氢单元,这些优势完全满足了许多电转燃气应用的基本要求。

而 PEM 技术的主要弱点是其规模难以扩展(由于其具有相当高的系统复杂性)、铂族金属的全球可用性有限,以及由于组件材料价格昂贵所导致的极高的系统成本。在过去,系统稳定性低也经常被认为是缺点之一。但在最近,各制造商已经公布了在 10 μV/ h 或更低的范围内得到显著改善后的降解速率。这表明人们正努力解决其稳定性问题,使其赶上 AEC 技术的发展。在规模扩展方面,虽然这一过程较为困难,但是在近几年系统的规模也已经有了显著的增加。主要的 PEM 制造商在 2013 年时宣布,他们正在研究几百千瓦到甚至兆瓦范围的电解池堆,计划在未来几年推出。

从当前的 R&D 趋势来看,通常认为电解池效率、操作压力或电流密度近期可能不会有显著提升。而正如 3.5 节所述,目前的焦点似乎更多集中在改进规模扩展过程和开发新的堆组件材料方面。

目前,这种系统的单位投资成本至少是 AEC 系统的 2 倍。在对这些技术进行直接比较时,必须考虑到其中存在的各种差异,例如可用的系统尺寸、压力水平和技术发展状态等。不过,与 AEC 技术不同的是,聚合物电解质膜电解池系统的成本降低潜力更大。成本的减少不是由其本身的规模效应来决定的,而是会受到规模效应的经济、新材料以及过程发展相结合的共同驱使。把成本的降低分到每个堆组件的成本来看,可以作出以下概括:除开劳动力成本外,双极板和集流体是电解池中最昂贵的组件,大约占 50%的电解池堆成本;MEA 约占电解池堆成本的 25%(其中电解质膜约为 60%,PGM 催化剂约为

40%)(Ayers 等,2011)。因为电解器中大部分效率损失是由缓慢的析氧反应的动力学因素和膜电阻所造成的,所以这两部分在成本和性能方面的影响也尤为重要。

综上所述,在高功率密度下高度灵活、大规模的氢气生产应用中,PEM 电解器正在成为碱性技术的有力竞争者,它的操作模式非常适合应用到电转燃气中。

3.7 固体氧化物电解质电解

3.7.1 工作和设计原理

SOEC 是这里讨论的三种水电解技术中发展最不成熟的一个。SOEC 技术与传统技术相比可以大幅度降低电解过程中的电能需求,而且目前社会对水电解技术也呈现出更加感兴趣的趋势,这两点是近期 SOEC 技术越来越受关注的主要原因。

图 3.4 所示为一个 SOEC 单元的示意图。在 SOEC 中,电解质是一层薄而致密的固体氧化物层,并且在高温下有离子导电性(通常为氧离子)。在这种电解质的两侧,直接连有与集流器相邻的多孔电极层。水(蒸气)通常在阴极侧进入,发生式(3.13)所示的分解反应。还原反应产生的氧离子迁移到阳极侧,并发生式(3.14)所示的反应析出氧气,即

阴极: $$H_2O + 2\,e^- \longrightarrow H_2 + O^{2-} \tag{3.13}$$

阳极: $$O^{2-} \longrightarrow \frac{1}{2}O_2 + 2\,e^- \tag{3.14}$$

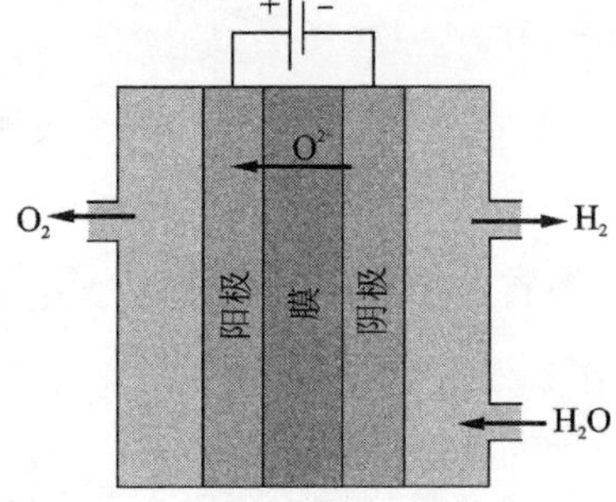

图 3.4 SOEC 的工作原理示意图

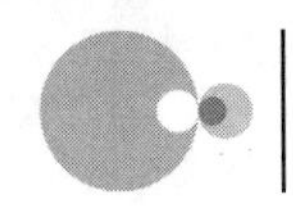

每层物质的厚度主要取决于其固有的电导率以及其是否需要为电解池提供机械支撑。支撑层通常较厚,典型的厚度是几百微米,其余层的厚度为10～30 μm。

每个电解池可以具有完全不同的形状,也可以配置成平面或管状。管状系统相比平面系统具有更高的机械强度和更短的启动或关闭时间,但是由于平面构造具有更好的电化学性能和更高的可制造性,所以目前平面构造更加普遍。

3.7.2 操作条件、性能和容量

SOEC系统通常在700 ℃～1000 ℃(中至高温范围)的温度范围内运行。这种高温运行条件在热力学因素上(低电解电压)以及动力学因素上(非PGM催化剂,低过电压)对系统十分有利。但其缺点是,高温会导致电池组分的快速降解,这一问题十分严重。因此,目前很大一部分研究工作的目标是实现系统在500 ℃～700 ℃的较低温度下(低至中温范围)能够运行。电流密度原则上可以与PEMEC系统中已知的电流密度一样高,但是由于强烈的降解作用,其实际电流密度常常是在AEC系统的电流密度范围内,即300～600 mA/cm^2。通常其相应的电池电压为1.2～1.3 V,这导致能耗显著降低到3.2 kWh/scm H_2及以下。单位能耗取决于可用的热源,水分解的能量可以全部由电力供应(自热)或部分由外部高温热源提供,二者之间会有约0.6 kWh/scm的变化。如果没有可用蒸汽作为原料,则还需要额外的低温热源,低温热源将进一步加剧电解池的能量消耗。考虑到对热能和电能的需求,系统效率通常在90%以上。

SOEC系统目前主要在常压下操作。然而根据目前水电解技术系统高压化的发展趋势,也已经开发出了一些压力高达25 bar的SOEC系统(Jensen等,2010)。这种高压系统可通过适当的温度控制来实现高动态操作。

根据文献报道,每运行1000小时,组分的降解率将会发生很大的变化,可从几个百分比升高到20个百分比。这种巨大的变化可以用系统中使用了完全不同的材料组分和操作条件来解释。

3.7.3 电池组分

SOEC的核心部件通常由陶瓷材料制成。由于操作温度高,所以其相的

稳定性及其相应的各种形貌的稳定是非常重要的。另外，每层组分的热膨胀系数应当尽可能相近，以防止薄陶瓷层在温度变化时开裂。通常会通过掺杂的方式来调整某些特定材料参数，从而在一定程度上满足稳定性、导电性、膨胀系数等的需要。

在高温运行下的 SOEC 系统中，用钇稳定化的二氧化锆（YSZ）是目前使用最广泛的电解质（Ni 等，2008）。对于中温水平，诸如 Sm-掺杂的二氧化铈（SDC）或 Gd-掺杂的二氧化铈（GDC）的二氧化铈基陶瓷很有前景。另外，由 Sr 和 Mg 掺杂的镓酸镧盐（LSGM）在较低的操作温度范围也有优势，因为它们在此条件下仍具有相当高的电导率（Laguna-Bercero，2012）。

因为 SOEC 的运行温度非常高，所以目前最先进的 SOEC 电解器不一定需要 PGM 催化剂用于活性催化区。不过，贵金属通常还是作为薄的电接触层。

阴极材料里通常含有 Ni，虽然 Ni 会主动诱导氢析出，但由于其仅传导电子限制了反应仅在阴极电解质表面进行。为了延伸该区域，通常将 Ni 与电解质材料相似或相同的离子导电颗粒混合，这种混合物称为金属陶瓷。目前标准的金属陶瓷阴极主要由 Ni/YSZ 或 Ni/SDC 组成（Ni 等，2008）。

最常见的阳极材料是由 YSZ 与钙钛矿型混合氧化物复合而成的电极，如锶掺杂锰酸镧（LSM）复合电极、Sr 掺杂镧氧化钴（LSC）复合电极、镧锶钴铁氧体（LSCF）复合电极（Ni 等，2008）。

电解质材料中有某些组分可能与附着的电极的组分发生反应，因此，通常在电解质与电极之间要添加氧化物保护层。

相邻单电解池之间的互连材料通常由陶瓷材料制成，在低温和中温下也要使用金属作为互连材料。密封材料可以选择玻璃、玻璃陶瓷或玻璃复合材料（Menzler 等，2010）。

总之，目前在 SOEC 系统领域进行了很多基础研究。为了获得能充分提高 SOEC 性能的材料以满足商业电解器的需求，还必须做进一步的深入研究。

3.7.4 技术现状和挑战

目前来说，在主流水电解技术中，最不成熟的就是 SOEC 技术。现阶段，

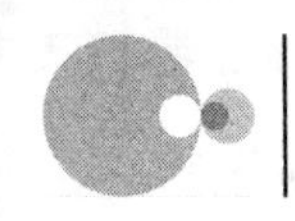

大多数应用的 SOEC 装置只是实验室规模,其最大功率水平在较低的千瓦级范围内。在 SOEC 电解器商业化之前,需要在很大程度上优化现有先进技术的系统部件。其中的核心问题是如何降低材料降解率,目前这方面的研究主要集中在三点:一是提高现有组分材料的稳定性,二是开发新材料,三是实现运行温度降低到 500 ℃～700 ℃。

不过,SOEC 技术也有一些其特有的性能。与低温电解技术相比,SOEC 的电解效率有明显更高的提升空间。另外,外部高温热源可以进一步减少 SOEC 系统的电能需求,使电能需求降低到 3 kWh/scm H_2 以下。因此,与低温电解技术相比,SOEC 技术的总能量成本通常较低,因为与 1 千瓦时的电力相比,1 千瓦时的热量通常更便宜。

由于其特殊的操作温度,SOEC 系统是高度可逆的装置,可以在反向模式下同一个装置作为燃料电池运行(Ruiz-morales 和 Marrero-lc,2011)。所谓的一体化可逆燃料电池(URFC)是一种轻质可充电电池,它为很多对重量有要求的应用提供了商业化的可能。事实上,SOEC 通常可由固体氧化物燃料电池(SOFC)衍生出,几乎可以或者不需要有改进。虽然 SOEC 的电解模式又带来了一些额外的要求,尤其对于析氧电极而言,但是 SOEC 技术的发展确实得益于 SOFC 技术的快速发展。

SOEC 装置另一个有趣的特征是可以用电化学的方法将 CO_2 还原为 CO,而不是产生氢气。该特征广泛应用于共电解过程(Ebbesen 等,2012),即将 H_2O 和 CO_2 共同还原为 H_2 和 CO 的混合物,这称为合成气。这为合成各种燃料、化肥、溶剂等合成材料提供了基础。

总之,虽然 SOEC 系统的商业化仍需要一段时间,但它不仅限于制氢,是一种十分高效且有特殊性能的电解系统。

3.8 结论

目前有三种可行的主流水电解技术,即碱性电解池(AEC)、聚合物电解质膜电解池(PEMEC)和固体氧化物电解质电解池(SOEC)。它们处于不同的发展水平,迄今为止只有 AEC 和 PEMEC 系统可商购。

这三种技术之间的主要技术差异是操作温度、相应电压下的工作电流密度、用于催化的材料类别、pH 值、所使用的电解质的类型以及特定电解器系统的构造。三种主要水电解技术的重要参数如表 3.1 所示。

表 3.1　主要水电解技术的主要参数

参数	AEC	PEMEC	SOEC
离子电解质	OH^-	H^+	O^{2-}
电流密度/(A/cm^2)	<0.5	>1	<0.3
电解池电压/V	>1.9	>1.8	>1
温度/℃	60～80	60～80	700～1000
操作压力/bar	<30	<200	<25
电压效率/(%)	60～80	65～80	—
能量消耗/(kWh/scm)	>4.6	>4.8	<3.2
低负载范围[额定负载%(NL)]	30～40	0～10	—
超载[额定负载%(NL)]	<150	<200	—
容量/scm(H_2)	<760	<40	<5
电池面积/m^2	<4	<0.3	<0.01

其中,高温电解技术(SOEC)的工作温度范围为 700℃～1000℃,具有最高的电解效率潜力。不过较之其他两种,它是目前最不成熟的技术,并且面临着严重的材料降解问题,还需要进行大量的基础研究去解决这些问题。碱性低温电解技术(AEC)是最古老,而且是目前最成熟、最便宜的技术。迄今为止,大型电解制氢厂唯一一直在使用的也是碱性电解器。当前该技术的主要限制是低电流密度和相当有限的动态操作模式。为了提高 AEC 技术与电转燃气应用的兼容性,对其进一步的开发是必不可少的。酸性固体聚合物电解质(PEMEC)技术在过去的一个世纪中取得了显著的进步,并且将不再局限于小规模应用。相对于 AEC 技术,PEMEC 技术具有一些独特的优点,例如紧凑型系统设计、高电流密度、高操作压力、操作模式的高灵活性和较宽的部分负载范围。因此在许多应用上,PEMEC 技术具有很大的潜力,将成为 AEC 技术强有力的竞争者。基于这些优点,目前 PEMEC 技术可能是与电转燃气应用

最兼容的技术。而这项技术的缺点则在于其成本高、资源有限和扩大其规模的工艺不足。

目前不论是哪种水电解技术,其主要的缺点是可用电解器的容量有限,不理想的降解现象以及每种电解器系统分别的操作成本带来的高额投资要求。对于每一种水电解技术而言,仍需要进行大量的研究和开发工作去克服这些问题,为电解制氢进入市场铺平道路。

参考文献

[1]Aili D,Hansen MK,Pan C et al(2011)Phosphoric acid doped membranes based on Nation®,PBI and their blends—membrane preparation,characterization and steam electrolysis testing. Int J Hydrogen Energy 36:6985-6993. doi:10.1016/j.ijhydene.2011.03.058.

[2]Ayers KE,Capuano C,Anderson EB(2011)Recent advances in cell costs and efficiency for PEM based water electrolysis. Electrochem Soc 2013.

[3]Carmo M,Fritz DL,Mergel J,Stolten D(2013)A comprehensive review on PEM water electrolysis. Int J Hydrogen Energy. doi:10.1016/j.ijhydene.2013.01.151.

[4]De Levie R(1999)The electrolysis of water. J Electroanal Chem 476:92-93.

[5]Debe MK(2012)Electrocatalyst approaches and challenges for automotive fuel cells. Nature 486:43-51. doi:10.1038/naturel 1115.

[6]Dorf RC(ed)(2004)CRC—handbook of engineering tables,2nd edn. CRC Press LLC,Boca Raton.

[7]Ebbesen SD,Knibbe R,Mogensen M(2012)Co-electrolysis of steam and carbon dioxide in solid oxide cells. J Electrochem Soc 159:F482-F489. doi:10.1149/2.076208jes.

[8]Goñi-Urtiaga A,Presvytes D,Scott K(2012)Solid acids as electrolyte materials for proton exchange membrane(PEM)electrolysis:review. Int J Hydrogen Energy 37:3358-3372. doi:10.1016/j.ijhydene.2011.09.152.

[9]Grigoriev SA, Millet P, Volobuev SA, Fateev VN(2009) Optimization of porous current collectors for PEM water electrolysers. Int J Hydrogen Energy 34:4968-4973. doi:10.1016/j.ijhydene.2008.11.056.

[10]Holladay JD, Hu J, King DL, Wang Y(2009) An overview of hydrogen production technologies. Catal Today 139:244-260. doi:10.1016/j.cattod.2008.08.039.

[11]Ito H, Maeda T, Nakano A, Takenaka H(2011) Properties of Nafion membranes under PEM water electrolysis conditions. Int J Hydrogen Energy 36:10527-10540. doi:10.1016/j.ijhydene.2011.05.127.

[12]Jensen SH, Sun X, Ebbesen SD et al(2010) Hydrogen and synthetic fuel production using pressurized solid oxide electrolysis cells. Int J Hydrogen Energy 35:9544-9549. doi:10.1016/j.ijhydene.2010.06.065.

[13]Jung H-Y, Huang S-Y, Ganesan P, Popov BN(2009) Performance of gold-coated titanium bipolar plates in unitized regenerative fuel cell operation. J Power Sources 194:972-975. doi:10.1016/j.jpowsour.2009.06.030.

[14]Kaninski MPM, Nikolic VM, Tasic GS, Rakocevic ZL(2009) Electrocatalytic activation of Ni electrode for hydrogen production by electrodeposition of Co and V species. Int J Hydrogen Energy 34:703-709. doi:10.1016/j.ijhydene.2008.09.024.

[15]Kreuter W, Hofmann H(1998) Electrolysis: the important energy transformer in a world of sustainable energy. Int J Hydrogen Energy 23:661-666.

[16]Laguna-Bercero MA(2012) Recent advances in high temperature electrolysis using solid oxide fuel cells: a review. J Power Sources 203:4-16. doi:10.1016/j.jpowsour.2011.12.019.

[17]Lal B, Raghunandan M, Gupta M, Singh R(2005) Electrocatalytic properties of perovskite-type obtained by a novel stearic acid sol-gel method for electrocatalysis of evolution in KOH solutions. Int J Hydrogen Energy 30:723-729. doi:10.1016/j.ijhydene.2004.07.002.

[18]Marini S,Salvi P,Nelli P et al(2012)Advanced alkaline water electrolysis. Electrochim Acta 82: 384-391. doi: 10. 1016/j. electacta. 2012. 05. 011.

[19]Menzler NH,Tietz F,Uhlenbruck S et al(2010)Materials and manufacturing technologies for solid oxide fuel cells. J Mater Sci 45:3109-3135. doi:10. 1007/s10853-010-4279-9.

[20]Millet P,Ngameni R,Grigoriev SA et al(2010)PEM water electrolyzers: from electrocatalysis to stack development. Int J Hydrogen Energy 35: 5043-5052. doi:10. 1016/j. ijhydene. 2009. 09. 015.

[21]Mittelsteadt CK,Staser JA,Systems GE(2012)Electrolyzer membranes. Polym Sci Compr Ref 10: 849-871. doi: 10. 1016/B978-0-444-53349-4. 00296-X.

[22]Modica G,Maffi S,Montoneri E et al(1986)Aromatic polymers for advanced alkaline water electrolysis—Ⅲ. Polysulphone-TiO_2 films. Int J Hydrogen Energy 11:307-308.

[23]Ni M,Leung M,Leung D(2008)Technological development of hydrogen production by solid oxide electrolyzer cell(SOEC). Int J Hydrogen Energy 33:2337-2354. doi:10. 1016/j. ijhydene. 2008. 02. 048.

[24]Otero J,Sese J,Michaus I et al(2014)Sulphonated polyether ether ketone diaphragms used in commercial scale alkaline water electrolysis. J Power Sources 247:967-974. doi:10. 1016/j. jpowsour. 2013. 09. 062.

[25]Pletcher D,Li X(2011)Prospects for alkaline zero gap water electrolysers for hydrogen production. Int J Hydrogen Energy 36:15089-15104. doi:10. 1016/j. ijhydene. 2011. 08. 080.

[26]Pletcher D,Li X,Wang S(2012)A comparison of cathodes for zero gap alkaline water electrolysers for hydrogen production. Int J Hydrogen Energy 37:7429-7435. doi:10. 1016/j. ijhydene. 2012. 02. 013.

[27]Polonsky J,Paidar M,Bouzek K,Mazu P(2012)Non-conductive TiO_2 as the anode catalyst support for PEM water electrolysis. doi: 10. 1016/j.

ijhydene. 2012. 05. 129.

[28]Rasten E, Hagen G, Tunold R(2003) Electrocatalysis in water electrolysis with solid polymer electrolyte. Electrochim Acta 48:3945-3952. doi: 10. 1016/j. electacta. 2003. 04. 001.

[29]Ruiz-morales JC, Marrero-lo D(2011) RSC advances symmetric and reversible solid oxide fuel cells. R Soc Chem 1:1403-1414. doi:10. 1039/clra00284h.

[30]Singh RN, Mishra D, Sinha ASK, Singh A(2007) Novel electrocatalysts for generating oxygen from alkaline water electrolysis. Electrochem commun 9:1369-1373. doi:10. 1016/j. elecom. 2007. 01. 044.

[31]Subbaraman R, Tripkovic D, Chang K-C et al(2012) Trends in activity for the water electrolyser reactions on 3d M(Ni Co, Fe, Mn) hydr(oxy) oxide catalysts. Nat Mater 11:550-557. doi:10. 1038/nmat3313.

[32]Suntivich J(2011) A perovskite oxide optimized for oxygen evolution catalysis from molecular orbital principles. Science 334: 1383-1385. doi: 10. 1126/science. 1212858.

[33]Trasatti S(1999) Water electrolysis: who first? J Electroanal Chem 476: 90-91.

[34]Vermeiren P(1998) Evaluation of the Zirfon separator for use in alkaline water electrolysis, 3199.

[35]Zeng K, Zhang D(2010) Recent progress in alkaline water electrolysis for hydrogen production and applications. Prog Energy Combust Sci 36:307-326. doi:10. 1016/j. pecs. 2009. 11. 002.

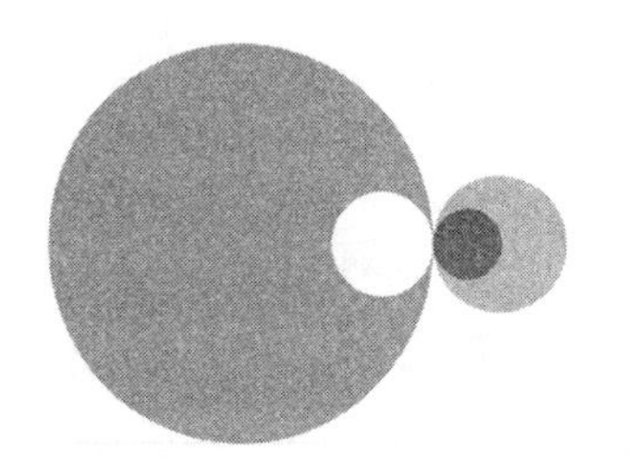

第4章 甲烷化

甲烷化反应描述的是由 H_2 和 CO/CO_2 反应或利用生物学方法从其他碳源中进行 CH_4 的非均相、气体催化或生物性的合成。它是电转燃气技术中除电解之外最具有实质意义的工艺步骤。甲烷化反应的化学机理为学界所知已有一个多世纪,而化学甲烷化方法在近几十年内一直是非常前沿的技术。它们从过去到现在一直被应用于从源自煤或生物质的合成气中生产代用天然气(SNG)。甲烷化过程另一个广泛的应用方向是化学或石油化学工业中的气体净化过程。虽然甲烷化在这些应用领域中的技术已经成熟,但将其用于电转燃气的工艺步骤中时,依然会产生一些特定的差异和挑战。本章将概述甲烷化过程的最新技术,以及该技术作为电转燃气组成部分的具体应用细节。

4.1 甲烷化工艺的前沿进展

本章将从化学工艺路线开始,接着从生物技术路线的角度,对目前在工业中使用的最先进的甲烷化工艺作一个总体的概述,不过这些主要是除了电转燃气之外的应用。

4.1.1 化学基础

Sabatier 反应在 1902 年被发现，其描述如下：

$$CO_{(g)} + 3H_{2(g)} \rightleftharpoons CH_{4(g)} + H_2O_{(g)} \quad \Delta H_R^0 = -206.2\ kJ/mol \qquad (4.1)$$

结合移位转换

$$CO_{2(g)} + H_{2(g)} \rightleftharpoons CO_{(g)} + H_2O_{(g)} \quad \Delta H_R^0 = +41.2\ kJ/mol \qquad (4.2)$$

CO_2与氢气的反应也可以为

$$CO_{2(g)} + 4H_{2(g)} \rightleftharpoons CH_{4(g)} + 2H_2O_{(g)} \quad \Delta H_R^0 = -165.0\ kJ/mol \qquad (4.3)$$

式(4.1)到式(4.3)的反应焓是在温度为 25℃时给出的。式(4.3)通常被解释为式(4.1)与式(4.2)的和，即 CO_2 的甲烷化需要通过中间转化为 CO 来实现。这些反应的反应机理仍在研究中，尚未完全弄清。反应式(4.1)和式(4.3)是强烈放热的，并且都是平衡反应。Elvers 等人(1989)给出了这两个反应于不同温度下的平衡常数和反应热。在较低的温度下，这些反应明显具有较高的平衡常数，因此具有较好的转化率。但是较低的温度从反应动力学的角度来看对反应速率会产生负面的影响，因此需要辅以适当的催化剂。由于反应式(4.3)中的气体总体积减小，故增大压力也可以提高其转化率。而由于 CO 和 CO_2参与了反应，根据操作条件，或许还应将 Boudouard 平衡视为在反应中可能存在的形成焦炭的不良副反应：

$$CO_{2(g)} + C_{(s)} \rightleftharpoons 2CO_{(g)} \quad \Delta H_R^0 = +17245\ kJ/mol \qquad (4.4)$$

除了产物 CH_4之外，离开反应器的产物气体还包含水蒸气、CO 和未转化的离析物。产物组成可受甲烷化工艺的种类、反应参数，以及所用反应器类型的影响。此外，所应用的催化剂也会影响工艺的反应动力学过程、转化率和选择性。

用于氢化 CO_2或 CO 的催化活性物质是Ⅷ族金属，即 Fe 族、Co 族和 Ni 族元素(Mills 和 Steffgen，1974)。因为其具有合理的成本和在转化率、选择性方面令人满意的性能，Ni 基催化剂如今已被广泛应用于甲烷化过程中。通常人们使用二氧化硅作为基载体，也有使用沸石和金属载体的记录(Kaltenmaier，1988；Wang 等，2011；Weatherbee 和 Bartholomew，1982)。通常，催化剂对毒物敏感，这可能会导致催化剂失活。典型的催化剂毒物是重金属，但也有硫化合物和氧气(Bartholomew，2001)。甲烷化过程作为电转燃气的一部分有着特别重要的意义,对此后文会作进一步阐述。总体上讲,关于 CO_2 或 CO 的反应动力学过程和氢化机理的有效解释仍未面世。

4.1.2 甲烷化过程的发展阶段

从历史的角度来看,甲烷化过程的发展历程主要可以划分成两个阶段(Kopyscinski 等,2010)。基于第一次石油危机的发生和战略上的考量,在 20 世纪 70 年代基于煤为原料的煤制气工艺(CtG)开始发展。典型的工艺路径是气化、气体清洁和调节,随后甲烷化进行必要的气体升级以满足将生产的合成天然气(SNG)注入到气体管网中所需达到的要求。将该技术工业规模化的工厂在美国已投入建设和生产(美国能源部,2014),在南非沙索集团也开设有煤液化(CtL)工厂。

第二阶段开始于 2000 年左右,这段时期科学家们专注于将生物质转化为原料(生物制气(BtG)或生物制液(BtL))。较小的工厂规模和不同的用于生物质合成气的进料气体组成,使得先前开发的用于煤制气的工厂技术难以直接应用或不可能应用,因此需要开发新的工艺路径。甲烷化技术的再兴起主要是因为能源系统向可再生能源的转型和天然气价格的上涨。在 CtG 和 BtG 的过程链中,甲烷化是其中的一个步骤。过去的几十年中,化学甲烷化过程的发展历程可以归纳如下(Bajohr 等,2011)。

- 二相系统(气态离析物,固态催化剂)

—固定床

—流化床

—涂层蜂窝

- 三相系统(气态离析物,液体热载体,固态催化剂)

—鼓泡塔(浆液)

甲烷化过程中有一个主要的关注点是反应堆的热管理。如前所述,过程中涉及到的所有化学反应都是强烈放热的。因此,该过程中的温度调节具有一定的挑战性,并且需要根据反应器的类型用不同手段进行处理。表 4.1 给出了从 20 世纪 50 年代到现在所开发的甲烷化过程和反应器类型。进一步的信息可以从 Elvers 等人的研究中得到(1989;Kopyscinski 等,2010;Bajohr 等,2011)。

表 4.1 甲烷化过程的选择性发展(1955—2013)(Elvers 等,1989;Kopyscinski 等,2010;Bajohr 等,2011)

工艺	年份	发展阶段	反应器类型	阶段编号	温度范围/℃	压力/bar	运行时间/h	离析物
Lurgi	1974	商业	FB	2	约为 450	>18	数千	煤
Comflux	1980(2008)	中试	FL	1	400～500	20～60	数千	煤(后生物质)
TREMP	1980	半商业	FB	3	300～700(250)	30	数千	煤,石油焦,生物质
SuperMeth/Conoco-Meth	1979/1974	中试/示范厂	FB	4/4	未说明	约为 80	未说明	煤
HYGAS	约为 1955	中试	FB	2	280～480	70	未说明	煤
HICOM	1981	中试	FB	4	230～640	25～70	中试中大于 15000	煤
Linde	1979	半商业(甲醇合成)	FB	2～3	300～750	20	未说明	未说明
RMP	1974	中试	FB	4～6	315～780	1～70(4,5～77)	未说明	煤,燃油
Bi-Gas	1965	中试	FL	1	40～530	86(69～87)	未说明	煤
Synthane 项目	1970(直到 1980)	实验室	Raney 镍管	2	300(390)	40～50(20)(70)	<1000	未说明
CCG(煤催化气化)	20 世纪 80 年代初	实验室/示范厂	FL	1	700	30	示范厂中>2000	未说明

续表

工艺	年份	发展阶段	反应器类型	阶段编号	温度范围/℃	压力/bar	运行时间/h	离析物
LPM	1976(1981)	中试	BC	1	约为 340 (315~360)	约为 70(34~53)	未说明	未说明
Hydro-methanation (bluegas)	进行中	中试	FL	1	600~700	未说明	约为 1000	未说明
Hydrogasification 工艺	2009	实验室	直接气化 C/H_2	1	870	70	未说明	煤
AER(ZSW)	进行中	实验室	未说明	未说明	250~500	6,5	<1000	生物质
PSI	进行中	中试/示范厂	FL(Comflux)	1	400~500	20~60	<1000	生物质
Bio-SNG (GüSSING, Austria)	2006	中试/示范厂	FL(Comflux)	1	350	2~5	>1000	生物质
GoBiGas	2013	示范厂	FB(TREMP)	2	300~700	25	启动于 2014 年	生物质

表中:FB——固定床;FL——流化床;PFR——活塞流反应器;BC——鼓泡塔。

固定床甲烷化使用颗粒形式的催化剂，其尺寸为几毫米，将其随机倾倒入反应器中，可形成优质均匀的静态催化剂床。由于反应产生了强烈的放热效应，反应前预热到 250 ℃～300 ℃的反应气体在反应中温度将显著上升。而受操作压力的影响，当温度高于 400 ℃～500 ℃时，反应的转化率和选择性会降低。因此，固定床甲烷化过程总是将级联的反应器中的反应与每个反应器步骤间的气体冷却、气体再循环和反应热回收分离开来。温度控制对于所有固定床类型来说都是很重要的，这是为了避免固定床中的局部温度出现峰值(热点)，从而破坏催化剂。气体和固体催化剂之间的传质限制是固定床类型的另一个缺点。固定床类型对催化剂的应力相对较低是其主要优点之一。如表 4.1所示，其中 Lurgi、TREMP™、Linde、HICOM 和 RMP 属于这种反应器中进行的工艺。图 4.1 描绘了 TREMP™过程(Topsøe 的可再生能源高效甲烷化过程；Haldor Topsøe A/S 商标，丹麦)的基本流程图(Kopyscinski 等，2010；Haldor Topsøe，2009)，它在 20 世纪 70 年代至 80 年代被开发应用于存储和分配来自核反应堆的过程热的循环过程。最近，这个过程已经应用于瑞典的商业生物质气化项目(GoBiGas，表 4.1；GoBiGas，2014)。

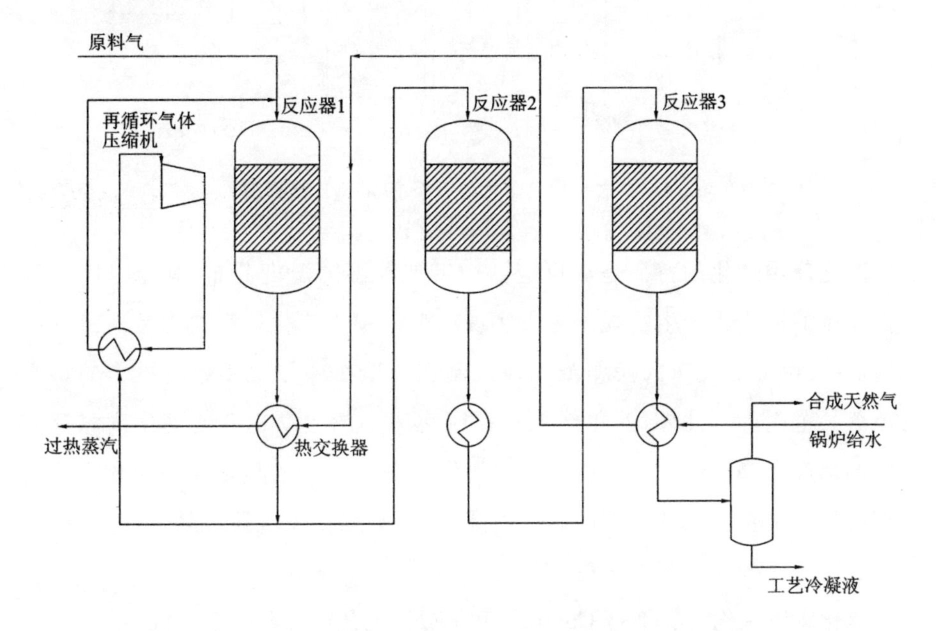

图 4.1 固定床甲烷化示例：Haldor Topsøe TREMP™过程

(Kopyscinski 等，2010；Haldor Topsøe，2009)

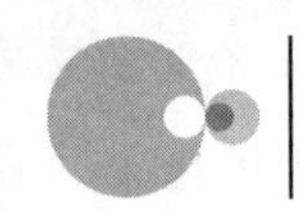

Lurgi是带有两个绝热固定床反应器和内部气体回收装置的甲烷化工艺。已经据此建成了两个中试工厂:一个在南非沙索堡,另一个在奥地利施韦夏特。在沙索堡工厂,费托合成的侧流用于转化为甲烷。在另一个试点工厂,粗汽油被转化为甲烷。1984年,在美国北达科他州大平原合成燃料工厂,工业规模的Lurgi反应过程成功实现(美国能源部,2014)。如图4.2所示,褐煤(18.000 t/d)被用作气化炉的原料,气体调节比较复杂,它由气体冷却、转换器和Rectisol单元(通过低温甲醇进行气体洗涤)组成。实际的Lurgi固定床甲烷化是在过程链的末端发生的。副产物CO_2被用于强化采油(EOR),设备的平均可用性为98.7%,生产速率为4.81×10^6 m^3/d(SNG),平均催化剂寿命为4年(美国能源部,2014)。

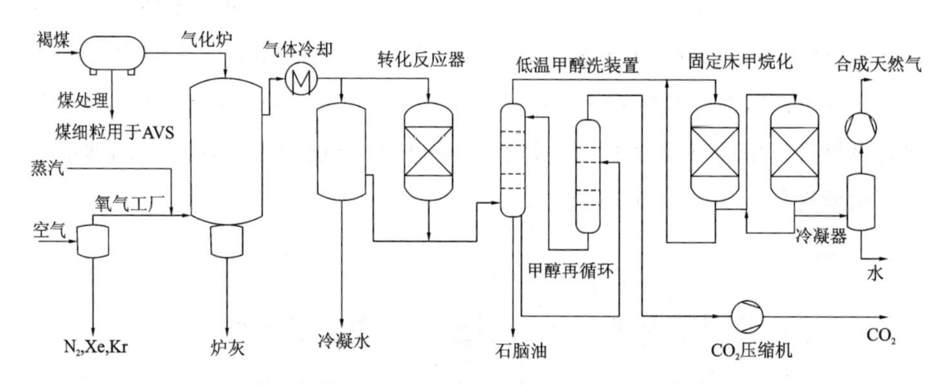

图4.2 大平原合成燃料工厂简化工艺流程图

(图中AVS为羚羊谷电站。修改自Kopyscinski等,2010)

流化床甲烷化的特征是在反应器中近似等温的温度分布,其通过固体催化剂颗粒的流化所产生的强湍流来实现。由于用于流化所需的力是通过气体来施加的,因此流化床的操作范围被限制在一个可能导致不稳定操作的特定气体流量范围内。此外,催化剂颗粒在流化床中的移动也会使催化剂和反应器内部都产生磨损。该类反应器的主要优点包括良好的热释放性能和高比表面积的催化剂及其较低传质限制。因此,它不必采用反应器级联,与固定床系统相比简化了操作流程设置(见图4.3)。

流化床甲烷化的实例是Comflux和BiGas工艺(见表4.1)。Thyssengas和卡尔斯鲁厄大学开发了用煤合成气生产SNG的Comflux方法。在Ruhrchemie Oberhausen已有容量为2000 m^3/h(SNG,20 MW)的中试工厂。该项目在20世

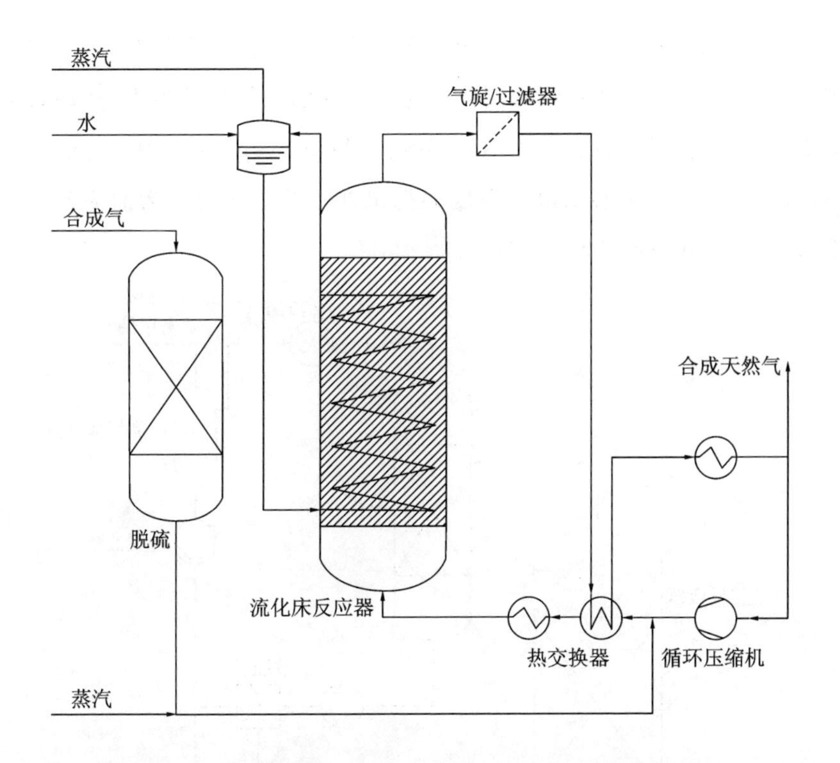

图 4.3　Comflux(Thyssengas)工艺，由 Kopyscinski 等修改(2010)

纪 80 年代中期由于油价下跌而中止。依据 Comflux 工艺，Paul Scherrer-Institut(PSI，瑞士)于 2004 年底重新改造出一个具有10 kW(SNG)容量的实验装置(Kopyscinski 等，2010)。该技术的关注重点是氢化一种来源于生物质的合成气。由有机硫物质引起的催化剂快速失活现象此前已经被多次观察到，而随着甲烷化进料气体的脱硫改进，催化剂的寿命已显著延长(Seemann 等，2004)。流化床工艺成功地在奥地利 Gusing 的一个工厂中实现了生产规模的扩大，总体容量为 1 MW(SNG)，并且自 2009 年底开始全面运行(Biollaz 等，2009)。

鼓泡塔是在一个三相系统中进行甲烷化过程，该三相系统由气态离析物、固体催化剂与液体热载体介质组成。最初，催化剂液相甲烷化技术是由 Chem Systems 公司(美国)在 20 世纪 70 年代开发的(参见表 4.1 和图 4.4；Kopyscinski 等，2010；Bajohr 等，2011；Chem Systems Inc.，1979)，它引入了液相来促进放热反应的热释放，从而实现反应器中的等温温度分布。此外，与流化床

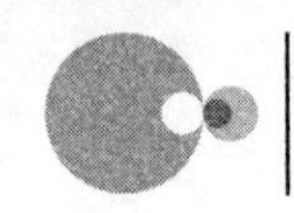

相比,它的催化剂的磨蚀减小。三相鼓泡塔的液压操作相当复杂,由于引入了液相,于是产生了气态离析物和固体催化剂之间的附加传质阻力,从动力学角度来说,这可能会对总过程产生不利影响。Chem Systems 使用矿物油作为液体热载体介质,可以观察到由于温度的稳定性降低导致的矿物油降解。该项目于 1981 年中止(Bajohr 等,2011)。

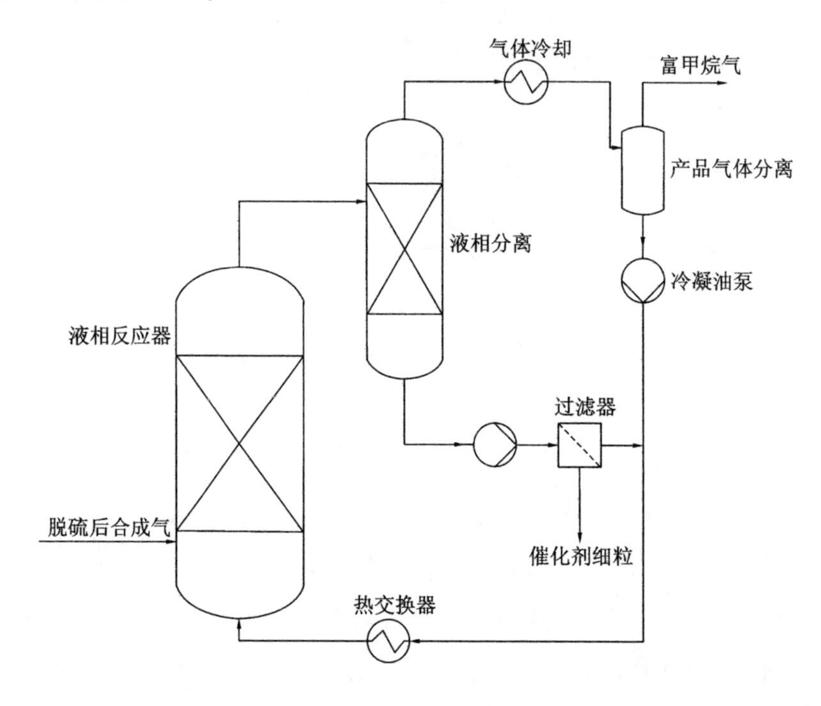

图 4.4 Chem Systems 公司的液相甲烷化过程(1979),由 Kopyscinski 等修改(2010)

液相甲烷化工艺已由德国的 Forschungszentrum Karlsruhe 和 DVGW 进行了重新改造(Bajohr 等,2011)。升级后的新方法是利用离子液体代替矿物油,以克服在 Chem 系统过程中所观察到的问题。其目的是解决甲烷化反应器的部分负载问题,以及反应器设计的模块化问题。这两个与反应器相关的要求源自甲烷化过程在电转燃气系统中所涉及到的一些应用细节,这将在后文中进行详述。

4.1.3 生物过程路线

上述化学催化剂和工艺路线可以被生物催化剂(酶)所取代,含有这些生物催化剂的生物系统可以进行氢气和二氧化碳的甲烷化。属于古细菌属的产甲烷菌可产生这些反应所必需的酶。生物甲烷化在生物气处理工艺中属于已被了解得比较清楚的一个分支，其中可以从整个反应过程中辨识出以下两种主要反应途径。

乙酸菌的甲烷化过程

$$CH_3COOH_{(g)} \rightleftharpoons CH_{4(g)} + CO_{2(g)} \quad \Delta G_R^0 = -33.0\ \text{kJ/mol} \tag{4.5}$$

氢营养菌的甲烷化过程

$$CO_{2(g)} + 4H_{2(g)} \rightleftharpoons CH_{4(g)} + 2H_2O_{(g)} \quad \Delta G_R^0 = -135.0\ \text{kJ/mol} \tag{4.6}$$

式(4.6)和式(4.3)是等价的。上述两种代谢途径都是由不同的微生物催化的，而这些微生物都属于古细菌。基于酸的甲烷化(式(4.5))是生物质分解的主要途径，同时使用混合微生物种群的第二种生物学途径(式(4.6))也在生物制气工厂中有所使用。

氢气制甲烷的生物催化可采用许多不同的工艺。一个沼气发电厂既可以通过同时具有上述两种反应途径(综合甲烷化)的方式进行优化，也可以通过选择性氢利用(选择性甲烷化)的方式。实验室和中试规模的综合甲烷化在文献中已有描述(Luo 等，2012)[①]。除了肥料或污水/污泥外还可用氢气作为共底物。氢气转化率取决于氢气分压和混合密度，在此基础上已有 80%的氢气转化率的实例报道。系统中 pH 值的控制和氢到甲烷的瞬时转化似乎对该方法的稳定操作是至关重要的。选择性甲烷化在生物反应器中优化的工艺条件下利用适应性微生物进行，它可以与生物制气过程相连，也可以在有氢气供给与本身存在碳源的条件下进行自我维持操作。实验室结果显示在操作温度为 55 ℃(嗜热)时，氢气转化率可以超过 90%。气液传质则似乎是一个限制因素(Luo 和 Angelidaki，2012)。奥地利的 Krajete GmbH 已将这些系统付诸商业化[②]。

生物甲烷化是一项在逐步提升发展且越来越受到重视的技术。与传统甲烷化和化学甲烷化方法相比，生物甲烷化的优势是可以在适宜的温度(30 ℃～60 ℃)和大气压下运行，同时它对原料气中的污染物质有很强的包容

---

① http://www. viessmann. de/content/dam/internet-global/pdf. documents/koeb-mawera/MicrobEnergy-power-to-gas. pdf. 访问于 2014 年 4 月 6 日。

② http://www. krajete. com/en/. 访问于 2014 年 4 月 6 日。

性。它的缺点之一是三相系统的运行会导致气相和液相间产生传质限制。生物反应器除了需要提供原料气外,还需要提供微生物所需的其他营养物质如无机盐等。关于这种生物系统和微生物本身的长期稳定性、生物反应的选择性和间歇式运行条件都还在进一步的研究当中。

表 4.2 总结了几种甲烷化工艺的性能。显然所有的方法都有明显的优点和缺点。工业规模的实验只有固定床化学甲烷化方法可以实现。无论如何,将甲烷化用作电转燃气的一个部分的具体条件还需要进一步的研究和发展,这将在后面的章节中进行叙述。

表 4.2　不同甲烷化工艺的比较。由 Bajohr 修改和补充(2011)

概　　念	化学甲烷化			生物甲烷化
	固定床	流化床	鼓泡塔	
热释放	——	+	++	++
热控制	——	0	++	++
传质	0	++	——	——
动力学	+	+	+	0
负载灵活性	0	——	0	——
催化剂压力	+	——	+	++

注:++特别好,+好,0 一般,—较差,— —特别差。

4.2　电转燃气中的甲烷化

甲烷化过程的主要目标是将氢气和二氧化碳转化为甲烷,这点在将甲烷化应用在电转燃气中时保持不变。不过在其他方面,相比而言,电转燃气中的甲烷化过程还是有了一些新的变化。图 4.5 给出了电转燃气工厂的化学甲烷化单元的方案示意图。

电解单元为甲烷化过程提供了所必需的氢气。由于可再生能源输入系统存在间歇性,所以电解的运行过程是不稳定的。但是,一些特定的化学甲烷化过程必须要在高温和高压下稳定运行(见表 4.1),既不能实现频繁的启动和关闭循环,也不能有显著的负载变化。虽然电解单元对负载变化的敏感性主要取决于反应器的类型,但是基本上来说其负载的灵活性是有限的(见表 4.2)。

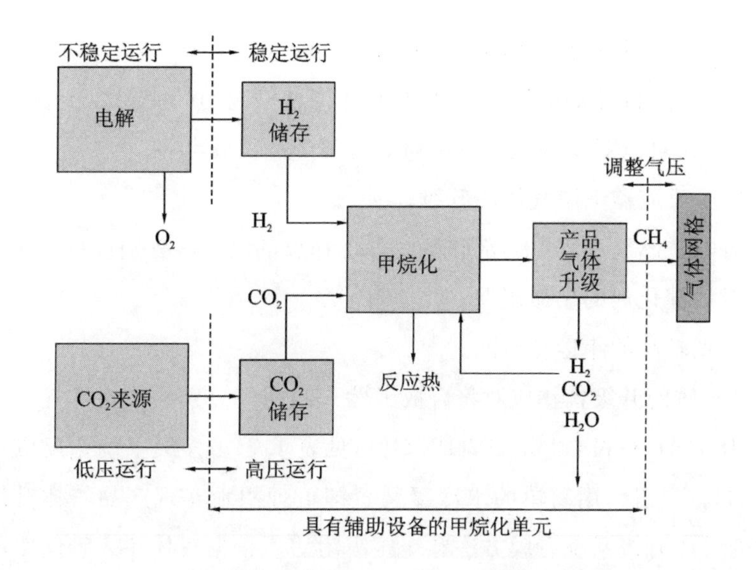

图 4.5　电转燃气技术中化学甲烷化单元的方案示意图

电解的波动性和甲烷化负载的灵活性决定了存储罐的尺寸，所以有必要采取氢的间歇式存储(Schaub 等，2014)。同样地，对于第二种离析物二氧化碳，这样的考虑基本上也同样适用。与氢气的存储相比，二氧化碳的存储要简单得多，它的临界温度高达 31℃，所以可以通过压缩来进行液化。同时，由于对采用碳氧化物作为原料气已经开发出常规的甲烷化方法和催化剂，所以电转燃气甲烷化就可使用二氧化碳作为原料。在催化剂方面，已知二氧化碳和一氧化碳都可以作为原料。在下一章将会详细探讨二氧化碳的可能来源以及它们对甲烷化过程的影响。

离析气体(氢气和二氧化碳)必须要被压缩至甲烷化系统的操作压力。根据所使用的技术(参见第 3 章)，已有电解器要在高压下进行操作。而相比之下，二氧化碳源几乎总是处于大气压强下的，因此在化学甲烷化过程里需要进行压缩操作。

典型的传统甲烷化工厂(见图 4.2)可在工业规模下运行，而且具有很高的年可用性。甲烷化单元作为电转燃气的一部分可具有不同的工厂规模(几百千瓦到几百兆瓦)，同时年运行时间也不同。因此，甲烷化过程和反应器概念的发展过程中必须考虑这些边界条件：模块化、易于扩大规模的反应堆设计、灵活性负载系统以及能够进行待机操作的过程。目前还没有一种传统的甲烷化工艺的发展可以满足上述的所有要求。

提升经济可行性是甲烷化过程作为电转燃气应用的主要发展目标之一。通过以下方法可以对甲烷化的成本与效益都产生积极影响。

- 减少反应器下游气体的升级;
- 对电转燃气过程链内部和系统外部释放的反应热分别进行利用;
- 增加催化剂的生命周期;
- 实现较高的年运行时间。

产品气体的升级旨在应对将合成天然气和沼气分别注入天然气管网的有效规定(比如 DVGW G262,ÖVGW G31,见表 4.7)。多级甲烷化反应器可实现甲烷的高产气量,用简单的水冷凝装置即可理想地实现产品气体升级。其他可能的气体升级系统有膜方法和变压吸附法。根据气体注入管网中的不同位置,需要对甲烷化单元和当地管网间的气压进行调整。

关于反应热的利用的内容会在 4.2.2 节中单独提到。

离析气体产物中催化剂毒物含量会对催化剂的使用寿命造成影响,同时反应器固有机制(磨损、过热点)对催化剂造成的破坏也会对其使用寿命造成影响。为了使离析气体的净化更容易,人们正在进行广泛的研究以寻找对典型催化剂毒物较不敏感且对二氧化碳原料选择性更强的新的催化物质(iC^4,2014)。

电转燃气工艺中甲烷化单元的工厂规模、反应器设计、工艺链和年操作小时的设置基本上取决于一些具体的当地条件:可再生能源的可用量和时域剖面分析、氢气产量、二氧化碳源及其规模、压力水平和天然气管网的负载流量等。因此,电转燃气工艺链中的每个甲烷化单元都需要根据不同应用的特定边界条件进行定制。这强调了甲烷化反应器系统和工艺灵活性的重要性。

正如 4.1.3 节中所说,生物甲烷化与化学途径相比更具有前景,至少,只需保证温和的操作条件就会使生物方法具有很好的成本效益。但是与化学甲烷化相比,生物甲烷化技术仍然是不成熟的,并且其预期的优点还需要在实践中和工业规模上进行证明。

4.2.1 工艺离析物:氢气和二氧化碳

氢气在甲烷化电解单元上游中产生。该生产过程保证了氢气的高纯度,即在 PEMEC 中的纯度为 99.99%以上,预期中主要的杂质是氧。因此,在产生氢气的情况下,与生产过程的时间波动性相比,进料气体的组成是次要的。

对于第二种进料气体二氧化碳,除了本身的捕获成本之外,其源固有杂质的组成也是有影响的。从技术层面上来看,化学甲烷化对气体质量的要求最低。表 4.3 分别按照从主要到次要组分对所需要的气体质量进行了总结。假设化学计量的氢气和二氧化碳的混合物,摩尔比为 4∶1(见式(4.3)),可以估算出二氧化碳的最小输入气体量。表 4.3 也列出了气体的最低质量要求。

表 4.3 甲烷化所需的气体质量(Müller-Syring 等,2013;Bajohr,2014)

组　　分	单　　位	甲烷化输入值	CO_2气流值
H_2	%**	35～80	—
CO_2	%	0～30	0～100
CO	%	0～25	0～100
CH_4	%	0～10	0～50
N_2	%	<3	<15
O_2	%	未说明	未说明
H_2O	%	0～10	0～50
颗粒物	mg/scbm	<0.5	<2.5
柏油	mg/scbm	<0.1	<0.5
Na,K	mg/scbm	<1	<5
NH_3,HCN	mg/scbm	<0.8	<4
H_2S	mg/scbm	<0.4	<2
NO_X	mg/scbm	未说明	未说明
SO_X	mg/scbm	未说明	未说明
卤素	mg/scbm	<0.06	<0.3

注:scbm 为标准立方米(20 ℃,0.1 MPa)。

** 为体积分数。

对于主要组分,要求相对较低。由于二氧化碳和一氧化碳都可以用传统的甲烷化催化剂进行转化,所以通常这两种气体都可以用作碳源。考虑到电转燃气系统的正反应二氧化碳平衡,碳源可以来自生物质(沼气工厂或生物质气化)或者工业二氧化碳源(化石电厂或能源密集型产业)。此外,还可以大量利用大气中的二氧化碳(ZSW,2014)。根据物质运动定律,应当最小化离析气体中的甲烷和水蒸气浓度(见式(4.3))。氮气是甲烷化过程中的一种惰性气体。考虑到工厂规模和系统的热管理,氮气含量应该尽可能低。特别是在甲烷化的下游产物气体升级上,氮气以及氧气的品质提升过程将会由于缺乏适当的调节过程而极具挑战性。因此,应该最小化离析气体中的空气成分。高氧气含量可能会对催化剂的活性造成不利影响,并且可能会促使不必要的副反应发生,但是其明确的浓度限值还是未知的。

表4.3列出的次要组分主要为催化剂毒物,因此应对其进行严格限制。将不同次要组分的浓度限制在表4.3所列出的阈值范围内,其难度取决于二氧化碳的来源,尤其是对焦油、氨、颗粒物和硫化氢的控制特别具有挑战性。对 NO_X 和 SO_X 的限制值尚在探究之中,目前还不能确定。显然,开发对这些次要组分耐受的催化剂是十分重要的,这也可以避免昂贵的气体清洁过程。

二氧化碳的供应在技术上是可行的,但是其较高的成本会对甲烷化的总成本造成相当大的影响。通常,碳捕获的方法有吸附、吸收、膜分离和碳酸酯环等(Ausfelder 和 Bazzanella,2008;Scherer 等,2012;Schneider 等,2013)。基于胺的吸收方法在技术上是成熟的,捕获成本通常在25～60欧元每吨的 CO_2 的范围内,而目前欧盟贸易体系规定的排放证书中的成本是5欧元每吨的 CO_2。因此,碳捕获目前在经济上是不可行的。在生物甲烷化过程中,未经处理的沼气可以用作碳源,这将产生可观的经济效应。不过,碳源的类型也需要根据甲烷化单元的规模大小来进行调整。大规模的甲烷化单元相应需要大规模的二氧化碳来源,此时沼气作为碳源是难以满足要求的。

4.2.2 热集成

热集成的目的是将甲烷化反应释放的热量与 CO_2 捕获过程所需的热能进行耦合。因此,可以通过减少 CO_2 分离过程中的额外耗能和降低甲烷化反应器的冷却需求来提升系统的经济效应。Fraubaum 和 Haider(2014)用 ASPEN 对甲烷化和碳捕获过程之间的热集成的可能性进行了模拟分析。该方法由电解器和下游甲烷化组成。由于其温度在60 ℃～80 ℃的范围内,电解器排出的热仅能够在区域供热系统中进行使用。

CO_2的捕获和甲烷化可以通过蒸汽涡轮机工艺进行组合。由于碳源可能来自工业过程，如化石燃料电厂、钢厂或水泥厂，而通常蒸汽发电厂是现有的，因此只需要改造蒸汽轮机（不需要新的投资）。热集成的前提条件是电解和甲烷化的时间解耦，这可以通过氢存储罐（见图 4.5）或通过高温热存储设备来实现。详细来看两种 ASPEN 模型，第一种是基于在 TREMP™方法之后串联的三个绝热平衡反应器，第二种是基于等温流化床反应器（Comflux，见表 4.1）。以 100 MW 的连接负载模拟电转燃气设备作为示例，计算出的较小负载显示出比例效应。对模拟的假设如表 4.4 所示。

TREMP™甲烷化是由三个绝热固定床反应器模拟组成的。气体在每个反应器中由于反应热而升温，因此必须在每个反应器过程之间对气体进行冷却。其中释放的热可用于产生过热蒸汽（65 bar，400 ℃）。

Comflux 甲烷化在等温流化床反应器中进行操作。可以利用释放的反应热产生高压饱和蒸汽（120 bar，324.6 ℃）。表 4.5 总结了两种甲烷化类型的 100 MW 电转燃气系统的加热和冷却流量。在这两种情况下，总离析物转化的简化假设是产生约 1 kg/s 的 CH_4（其在标准条件下对应 5000 m^3/h 的 SNG）。

在这两种情况下，所产生的蒸汽具有的能量级别显著高于 CO_2 解吸（2 bar，120.3 ℃）所需的能量。因此，所产生的蒸汽可以在冷凝涡轮机中膨胀做功。表 4.6 列出了用于不同负载连接的电解器所产生的涡轮机功率。将膨胀的蒸汽送入到 CO_2汽提器中并进行冷凝。据保守估计，假设分离率为 90%（见表 4.4），则 CO_2汽提的热需求将被设为 3.5 GJ/t CO_2。显然，释放的热量已经满足了目前为止的 CO_2解吸的热需求，甚至膨胀的蒸汽热含量要高于汽提过程中所需的热量，因此蒸汽回路中的冷凝冷却仍然存在热损失。所生产的 SNG（水含量的冷凝）也需要通过冷却来进行调节。

100 MW 的连接负载的电解器功率是比较高的，相应的涡轮机功率为 3.5 MW。涡轮机的运行效率可以高达 80%～90%，而额定功率低至 1 MW，对应于大约 30 MW 的电解器功率。较小的蒸汽轮机功率不足，因此在电转燃气系统中，需要对小于 30 MW 的蒸汽轮机的热集成进行更加严格的考虑。

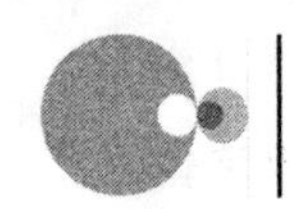

表 4.4　热集成模拟的假设

电解			
连接负载	MW	100	
系统效率	%	70	
热释放	MW	连接负载的 1/3	
H_2温度	℃	70	
CO_2 捕获			
分离速率	%	90	
热需求	GJ/kg CO_2 capt.	3.5	
电需求	GJ/kg CO_2 capt.	0.1	
再生蒸汽压力	bar	2	
CO_2压力	bar	2	
压力损失	bar	0	
等熵效率(压缩机)	—	0.72	
甲烷化			
甲烷化过程		TREMP™	Comflux
反应器入口温度	℃	300	400
反应器压力	bar	27	27
H_2/CO_2比例	mol/mol	4	4
回流速率	%***	69	0
蒸汽回路			
甲烷化过程		TREMP™	Comflux
蒸汽压力	bar	65	120
饱和蒸汽温度	℃	400	324.6
等熵效率(涡轮机)	—	0.87	0.87
涡轮机出口压力	bar	2	2
夹点	℃	10	10

注：*** 为重量分数。

表 4.5　100 MW 电转燃气系统的模拟加热和冷却流量

甲烷化过程	电解释放热/MW	CO_2解吸所需热/MW	完全释放反应热/MW	离析气体的预热/MW	冷却热损失	
					蒸气回路/MW	SNG 调节/MW
TREMP™	33.4	9.44	14.5	1.36	1.58	1.53
Comflux	33.4	9.44	13.9	2.04	1.13	2.52

表 4.6　不同连接负载电解器相应的涡轮机功率

电解器的连接负载/MW	TREMP™ 甲烷化相应的涡轮机功率/MW	Comflux 甲烷化相应的涡轮机功率/MW
100	3.53	3.43
75	2.66	2.52
50	1.77	1.72
28	1	1

4.2.3　发展趋势和当前研究

将电转燃气系统中甲烷化的发展趋势总结如下。

• 催化剂性能的提升，包括在其中毒状态下的耐受能力和对二氧化碳作为原料有更好的选择性。目前不同研究团队对此都做了大量的研究（iC^4，2014；Lehner 和 Steinmüller，2013）。而对反应过程的机理进行进一步的深入探究，然后得到甲烷化反应的动力学公式，也都是十分有必要的。

• 关于甲烷化过程间歇和动态操作能力、其与电转燃气系统的其他元件的连接，以及热集成的可能性的研究。其基本目标是提高效率、提高甲烷化过程的耐受度和灵活性（Lehner 和 Steinmüller，2013；德国能源署，2012）。

• 满足甲烷化过程的特定要求的新型反应器的研究，比如高放热反应、利于扩展的模块化设计、潜在的高负载灵活性、低待机能量需求，以及短部署和冷启动时间的研究。在这种情况下，有两种反应堆是比较可行的：三相甲烷化反应堆(Bajohr 等,2011;Graf,2013)和在分段反应器中运用整体式催化剂载体的反应堆(Bajohr 等,2011;Lehner 和 Steinmüller,2013;Graf,2013)。尤其是整体式催化剂能够实现模块化、易升级的设计。静态催化剂床降低了催化剂的力学应力,减小了压力损失,而且通过分级反应器可得到均匀的温度分布。由金属或陶瓷制成的整体载体目前正处于研究中。通常,这些基础研究都是在实验室规模下进行的。如图 4.6 所示,图中三个反应器与气体冷却、气体取样和每个反应器之间的再循环进行串联操作。

图 4.6 装配中的奥地利雷奥本矿业大学甲烷化实验室工厂

• 在生物甲烷化中,要对系统的长期稳定性以及全面操作控制进行研究。此外,为了使该技术具有更广泛的应用范围,还需要将其提升至兆瓦规模。实践领域的操作经验必须通过试验工厂的实施操作来获得。

• 降低甲烷化单元下游的产物气体升级复杂性,以得到符合天然气网络规格的产物气体质量(见表 4.7)的研究。这可以通过提升反应器或过程工艺,或者通过特定的品质升级过程来实现。比如膜方法正在研究之中,其取得的成果很有前景。

表 4.7 根据 ÖVGW 指南 G31 的 SNG 组合物的规格

参数	单位	SNG 的允许范围
沃泊指数	kWh/m^3	13.3～15.7
热值	kWh/m^3	10.7～12.8
氧气	%****	≤0.5
二氧化碳	%	≤2.0
氮气	%	≤5
氢气	%	≤4
总硫含量	mg S/m^3	≤10
硫醇硫含量	mg/m^3	≤6
硫化氢含量	mg/m^3	≤5
碳氧硫化物含量	mg/m^3	≤5
卤素化合物含量	mg/m^3	0
氨气含量		技术纯
固体和液体组分		技术纯

注：**** 为摩尔分数。

• 考虑与其他二氧化碳使用方案的竞争以及其他高能耗工业的来源，确定不同二氧化碳源的潜力和成本的研究。并研究化学和生物甲烷化与沼气工厂之间的联系。

• 建立和测试试点、示范工厂，以便在不同的应用领域获得实用和长期的经验。Grond(2013)表明，在其他欧洲国家的 DVEW① 项目中可以找到德国目前在经营或计划中的项目清单。大多数的电转燃气示范项目都不包括甲烷化工艺。

4.2.4 实际成本和未来成本的发展潜力

一般来说，由于其还处在发展的早期阶段，所以几乎没有权威数据可用于评估成本。此外，投资成本会受到具体工厂布局和运行成本的极大影响。运

① http://www.dvgw-innovation.de/presse/power-to-gas-landkarte/. 访问于 2014 年 4 月 30 日。

行成本由二氧化碳捕获成本、产物甲烷和副产品(比如反应热)被利用的可能性、年运行时间、工厂规模(规模经济)和现场基础设施(人员和安全基础设施等)等因素决定。目前成本评估的不确定性强调了示范工厂运营的必要性,它可以帮助人们更好地了解成本结构。

基于电解(碱性电解器)和甲烷化(固定床)的现有前沿技术水平,已经有研究对48MW 连接负载的成本结构进行了评估(Kinger,2012)。电解、甲烷化和辅助设备的总投资成本为 1000 欧元每千瓦(电能),其中 86.3%的成本来自于电解。相应地,甲烷化的成本总值为 140 欧元每千瓦(电能)。一个 5~10 MW的示范电厂的投资成本为 2000 欧元每千瓦(电能)(Sterner,2012),对于规模更大的电厂,成本可以降到 1000 欧元每千瓦(电能)。这项投资涵盖电解器、甲烷化、气体压缩、电力电子、管道、土木工程和控制系统。假设其与在 Kinger(2012)中的成本结构是相同的,则甲烷化投资成本可以估算为 135~275 欧元每千瓦(电能)。小于 10 MW 的甲烷化工厂的投资成本如图 4.7 所示,这同时适用于化学以及生物甲烷化,图 4.7 中数据由 Grond(2013)等提供。在未来,作者认为小于 10 MW 规模的工厂成本将会降低,这将得益于较小规模工厂的标准化,使得化学甲烷化的成本为 300~500 欧元每千瓦(甲烷化)。应当注意,以上两种技术功率之间的转化可以通过与电解和甲烷化的效率相乘来实现(即电解效率为 70%,甲烷化效率为 80%)。因此,300~500 欧元每千瓦(甲烷化)等同于 160~280 欧元每千瓦(电能),这与 Kinger(2012)和 Sterner(2009)给出的范围相同。

生物甲烷化在适中的操作条件(大气压强,温度<70℃)下成本相对较低(见图 4.7),这主要是由于可采用更便宜的结构材料。而且,这种方式不需要催化剂,而原料气无须净化或只需要进行简单净化。但从另一方面来看,目前仍然缺少生物甲烷化的实际操作经验,工厂规模也仍限制在较低的兆瓦的范围内。

每年的运营和维护成本假定为投资成本的 10%(Grond 等,2013),这相对来说就比较高。通常年运营和维护成本应该占总投资成本的 3%到 7%。

以上介绍的成本结构在未来可能会发生显著的改变，例如通过改善电解器系统或提升效率来降低成本。但无论如何，未来的成本发展取决于甲烷化反应器的设计、工艺过程条件（压力、温度）、催化剂寿命及其选择性的进展，尤其要充分利用其与其他工业设备整合集成的可能性（热集成、副产品的利用如氧气的利用、共同基础设施）。

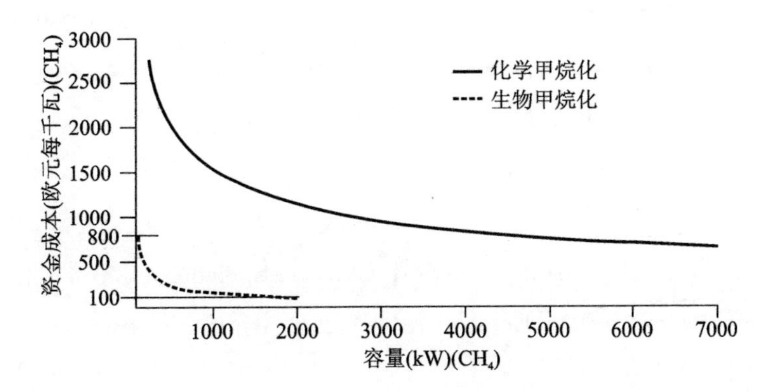

图 4.7 化学甲烷化和生物甲烷化的投资成本，数据由 Grond 等(2013)提供

参考文献

[1]Elvers B et al(ed)(1989)Ullmann's encyclopedia of industrial chemistry, vol A12,5th edn. VCH Weinheim,New York.

[2]Mills G A,Steffgen FW(1974)Catalytic methanation. Catal Rev 8(1):159-210.

[3]Kaltenmaier K(1988)Untersuchungen zur Kinetik der Methanisierung von CO_2-reichen Gasen bei höheren Drücken. Dissertation, Universität Karlsruhe.

[4]Wang W,Wang S,Ma X et al(2011)Recent advances of catalytic hydrogenation of carbon dioxide. Chem Soc Rev 40(7):3703-3727.

[5]Weatherbee GD,Bartholomew CH(1982)Hydrogenation of CO_2 on group Ⅷ metals. Ⅱ. Kinetics and mechanism of CO_2 hydrogenation on nickel. J Catal 77(2):460-472.

[6]Bartholomew CH(2001)Mechanism of catalyst deactivation. Appl Catal A 212:17-60.

[7]Kopyscinski J,Schildhauer TJ,Biollaz SM(2010)Production of synthetic natural gas(SNG)from coal and dry biomass—a technology review from 1950 to 2009. Fuel 89(8):1763-1783.

[8]US Department of Energy(2014)Practical experience gained during the first twenty years of operation of the great plains gasification plant and implications for future projects. http://www. netl. doe. gov/research/coal/energy-systems/gasification/gasifipedia/great-plains. Accessed 26 Mar 2014.

[9]Bajohr S,Götz M,Graf F,Ortloff F(2011)Speicherung von regenerativ erzeugter elektrischer Energie in der Erdgasinfrastruktur. gwf-Erdgas: 200-210.

[10]Haldor Topsøe A/S(ed.)(2009)From solid fuels to substitute natural gas(SNG) using TREMP™. http://www. topsoe. com/business_areas/gasification_based. aspx. Accessed 26 Mar 2014.

[11]GoBiGas(2014)http://gobigas. goteborgenergi. se/En/Start Accessed 29 Mar 2014.

[12]Seemann MC,Biollaz SMA,Aichernig C,Rauch R,Hofbauer H,Koch R (2004) Methanation of biosyngas in a bench scale reactor using a slip stream of the FICFB gasifier in Güssing. In:proceedings of the 2nd world conference and technology exhibition: biomass for energy, industry and climate protection,Rome.

[13]Biollaz SMA,Schildhauer TJ,Ulrich D,Tremmel H,Rauch R,Koch M.(2009)Status report of the demonstration of BioSNG production on a 1 MW SNG scale in Güssing. In:Proceedings of the 17th European biomass conference and exhibition,Hamburg.

[14]Chem Systems Inc. (1979)Liquid phase methanation/shift pilot plant operation and laboratory support work. Final report,1 July 1976-30 Nov

1978. Prepared for US Dept of Energy, Contract No. Ex-75-C-01-2036.

[15]Karakashev D, Batstone DJ, Angelidaki I(2005)Influence of environmental conditions on methanogenic compositions in anaerobic biogas reactors. Appl Environ Microbiol 71(1):331-338.

[16]Luo G, Johansson S, Boe K, Xie L, Zhou Q, Angelidaki I(2012)Simultaneous hydrogen utilization and in situ biogas upgrading in an anaerobic reactor. Biotechnol Bioeng 109(4):1088-1094.

[17]Luo G, Angelidaki I(2012)Integrated biogas upgrading and hydrogen utilization in an anaerobic reactor containing enriched hydrogenotrophic methanogenic culture. Biotechnol Bioeng 109(11):2729-2736.

[18]Schaub G, Iglesias Gonzales M, Eilers H(2014)Chemische Reaktoren als Elemente eines flexiblen Energiesystems? Presentation at Fachausschuss Energieverfahrenstechnik, Karlsruhe 18 Feb 2014.

[19]iC^4 —Integrated Carbon Capture, Conversion & Cycling(2014)http://www.ic4.tum.de/. Accessed 20 Apr 2014.

[20]ZSW(2014)Verbundprojekt"Power-to-Gas":Errichtung und Betrieb einer Forschungsanlage zur Speicherung von erneuerbaren Strom als erneuerbares Methan im 250 kW_{el}-Maßstab. http://www.zsw-bw.de/fileadmin/editor/doc/20111019_Power-to-Gas_Projektinfo_01.pdf. Accessed 21 Apr 2014.

[21]Müller-Syring G et al(2013)Entwicklung von modularen Konzepten zur Erzeugung, Speicherung und Einspeisung von Wasserstoff und Methan ins Erdgasnetz, DVGW Bericht zu Fördezeichen G 1-07-10:119.

[22]Bajohr S(2010)Methanisierung—technische Ansätze und deren Bewertung. International biomass conference, Leipzig.

[23]Ausfelder F, Bazzanella A(2008)Verwertung und Speicherung von CO_2. Dechema, Frankfurt am Main.

[24]Scherer V, Stolten D, Franz J, Riensche E(2012)CCS-Abscheidetechniken: Stand der Technik und Entwicklungen. Chem Ing Tech 84(7):

1026-1040.

[25]Schneider G,Schneider R,Hohe S(2013)Technical challenges and cost reduction potential for post-combustion carbon capture. In:Proceedings of power gen Europe,Vienna.

[26]Fraubaum M,Haider M(2014)Analyse des Wärmemanagements des Gesamtprozesses. In:Steinmüller H et al(2014)Power-to-Gas—eine Systemanalyse. Endbericht,Wien.

[27]Lehner M,Steinmüller H(2013)Power-to-Gas Eine Option zur chemischen Speicherung und zum Transport von erneuerbaren Energien. In:Biedermann H,Vorbach S,Posch W(eds) Ressourceneffizienz Konzepte,Anwendungen und Best-Practice Beispiele. Rainer Hampp Verlag,München und Mering.

[28]Deutsche Energie-Agentur (ed) (2012) Eckpunkte einer roadmap power to gas. http://www.powertogas.info/roadmaps.html. Accessed 30 Apr 2014.

[29]Makaruk A(2011)Numerical modeling,optimization and design of membrane gas permeation systems for the upgrading of renewable gaseous fuels. Dissertation,Technische Universität Wien.

[30]Grond L,Schulze P,Holstein S(2013)Systems analyses power to gas:deliverable 1:technology review. DNV KEMA Energy & Sustainability,Groningen.

[31]Graf F(2013)Forschungsaktivitäten zur Methanisierung am Engler-Bunte-Institut des Karlsruher Instituts für Technologie(KIT). Presentation at Innovationsforum PGP,Leipzig 24 Apr 2013.

[32]Kinger G(2012)Green energy conversion and storage(Geco). Endbericht for FFG project 829943,Wien.

[33]Sterner,M(2009)Bioenergy and renewable power methane in integrated 100% renewable energy systems. Dissertation,Universität Kassel.

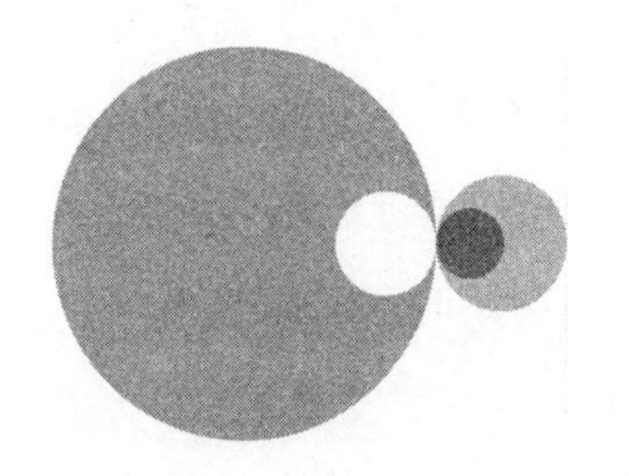

第5章 商业模式

本章(Tichler,2014)[①]着重从经济角度介绍电转燃气系统。由于电转燃气对整个能量系统提供了显著的益处,所以它在经济方面的定义相当复杂。因此电转燃气的经济分析不仅包括商业分析,还包括全面的宏观经济和系统分析。只有将这两种分析相结合才能找到一种全面的方法来说明电转燃气的经济特性。

此外,技术发展及特征决定了其经济特性,反过来也是如此。这一点在所关注系统的形态为进一步改进提供了显著空间的情况下(例如电转燃气系统)更为重要。这也使经济分析变得格外重要。

因此,本章将从宏观经济和系统影响的内容开始,着重对存储系统的背景和能源运输的新可能性进行阐述,然后对电转燃气中几个过程链进行分析,并引出对具体商业模型的分析。

① 本章部分重要内容由奥地利经济部、Österreichs Energie 和 FGW 完成/合作完成。报告(Steinmüller 等,2014)仅有德文版,可从林茨约翰·开普勒大学能源学院订阅。

5.1 宏观经济和系统影响

由于既定的国内和国际目标,甚至如果欧盟国家以及许多其他地区能源消费增加,则可再生能源在提供电力方面所占的比例将在未来几十年中上升。为了提升能源系统的可持续性和减少对进口化石燃料的依赖,越来越多的风力发电机和光伏电站正在建设。在现有能源体系中增加可再生能源的环境与能源目标,具体在电力生产方面,将给经济体带来新的挑战,尤其是保证高水平的供电安全。这种挑战尤其源自多变的风能和太阳能可再生能源供应的剧烈波动。因此,当这些能源的所占份额增加时,平衡高产率时段的电力过剩与低产率时段的电力不足就显得尤为重要(Tichler,2011a)。

能源存储系统在将可再生能源与间歇能源相结合方面,以及在最优化管理中扮演重要角色。能源的存储,尤其是电能,以及在适当的时间提供所需的电能,这些在目前存在巨大的挑战。因为可以实现长期的能源存储以及与能源网络间容量的转换,这为能量传输提供了新的可能性,所以电转燃气技术将是未来能源存储技术的重要组成部分。

此外,电转燃气系统可以解决在机动车或产热领域扩大替代燃料的百分比而带来的额外的在能源和环境政策方面的挑战。从长远来看,电转燃气技术可以在产能方面实现从传统方法利用间歇性能源到用可靠技术利用甲烷和氢形式能源的巨大飞跃。在这种系统中,常需要将产生的气体再转化发电,但是由于相关的效率损失和成本增加,所以从能量角度看,这种情况应当尽量减少。

这些通过电转燃气技术转化甲烷和氢气引起的附加形式的电能使用与未来长期主要能量载体相契合。在许多对未来能量供应的预测中,能量载体气体及其各种特性被看作通向“氢气经济”的关键转化技术或固有能量载体(Tichler,2011a)。此外,Hefner(2007)在全球背景下预测了液体燃料(如石油)和固体燃料(如木材)、煤和铀已经渐渐失去其重要性(Tichler,2011b)。因此,正如 Hefner(2007)对关于能源供应商全球构成的未来发展所预测的那样,“能源气体时代”即将到来。

一般来说,实施新技术的核心问题是它是否可盈利。下一部分我们将对该问题进行全方位分析。因此,每种技术的经济可行性都是强制要求的。在现有经济相关性的情况下,可能最重要的就是技术的进一步开发和实施。通过经济可靠性来实现市场渗透,电转燃气系统在这方面(可靠性)具有显著的优势。

电转燃气系统产生了多个参数,这为能量系统提供了很多好处。该系统促进了奥地利经济,同时也为当地提供了很多益处,例如它增加了电能供应的安全性以及减少了有害气体的排放。

除了通过促进国内产品生产以及对外创新产品的技术输出来改进、优化能量系统,进行技术更替外,对电转燃气系统的认识和技术进步也可以给系统带来基础、直接的经济性改进。

5.1.1 能量存储的潜在解决方案:在多种存储系统背景下的电转燃气

在 2014 年,许多能源市场面临风力发电和太阳能发电的高增长率。同时,随着时间增长,能源生产输出的不稳定性问题亦显现出来。因此,发生的区域盈余必须通过适当的电网基础设施进行平衡。风能和太阳能发电在一天或一年的使用过程中存在较大的波动,并且较难预测。此外,风能的使用具有区域集中性,例如,在德国的梅克伦堡-前波莫瑞或在奥地利的布尔根兰。电网为适应可持续能源间歇性所要作出的改进受到不同地形特征的巨大干扰。由于这一事实,社会民主问题将会显现无疑。虽然,由于传输网络的扩展(即使存在难题)为平衡可持续能源的间歇性和电网补偿带来了契机,但该解决方案在经济上是无用的,在技术上也是不可行的。

由于过去欧洲不同部门(除开 2008 年到 2010 年的欧洲金融危机期间)的电力消耗显著增加,电网在大部分时间内都达到了使用极限。因此,最近的停电对人口和经济造成的严重后果及风险正在不断增加。另一方面,对扩建和维护电网进行充分投资和为长期负载进行平衡补偿是提供高水平电力供应安全的基础。为此研发更大容量的存储技术将变得越来越迫切。

在欧洲的一些国家,例如德国或奥地利,可再生能源的电力生产出现这样的局面——在某些时间,由太阳能和风能所产出的大量能源导致能量过剩。

在电力供应过剩的情况下,占据相当高份额和具有欧洲发电厂编制的核电厂、水电厂和风力发电厂几乎不能降低其生产水平,这对能源系统提出了越来越大的挑战。当多变的电力生产出现高功率输出时,风力发电厂需要以储能系统形式采取措施实现电网的稳定。例如,在这里描述的布尔根兰的情况。在布尔根兰,来自可再生能源的能源产量有时会超过实际的能源需求量,而另一些时候只达到了能源需求量的 20%。

基于对奥地利和布尔根兰地区风力发电厂和发电站扩张的分析,其能量的存储量预测可达到 2.4 TWh。这里假设所有发电站完全运行,使得所产生的总能量的 40%来自附加风力发电厂(不考虑任何现有发电站)的间歇性生产。基于上述假设,根据表 5.1 所示的数据可以得到,每年通过电转燃气技术可生产约 43000 t 的氢气,其可用于供应 300000 辆氢动力汽车。

表 5.1 根据奥地利储能总量和因此可产生的氢气量得出的奥地利东部风力发电的增长潜力

参 数	单 位	值
奥地利东部在 2030 年的风能	MW	3000
完全负载时间	h/a	2000
奥地利东部风力发电扩大	MWh/a	6000000
由扩大规模得出的比例波动和可发电量	%	40
H_2 储存潜能	MWh/a	2400000
电解器转化效率	%	60
H_2 能量供应	MWh/a	1440000
H_2 能量密度	kWh/kg	33.30
H_2 供应	t/a	43243
常规汽车的 H_2 消耗量	kg/100km	1.2
每辆车的年平均公里数	km/a	12000
与 H_2 生产兼容的汽车	piece/a	300300

注:由 Source 计算(Amt der NÖ Landesregierung,2011)(www.energieburgenland.at/oekoenergie/windkraft/,访问于 2014 年 5 月 30 日)

通过天然气网络存储输送发电站的能量,在有高能量需求时再将能量输出的设想,可代替扩充电网容量的观念。电转燃气可以通过将电能转换为可用作能量载体的氢气或甲烷来存储多余的能量。可以将气体运输到天然气管网中，其使用就可以覆盖所有铺设天然气管道的地区。以抽水蓄能电站以及绝热压缩空气蓄能电站存储作为衡量电能存储的基准。这些存储技术可以实现能源的长期存储，但在将能量再次转化为电能方面存在应用限制。目前抽水蓄能电站是几乎可以独立运行的存储技术，但它对地势有一定要求，从而导致了电网到存储单元之间的运输具有挑战性。大容量电化学存储器（例如电池）则正在研发中，部分已进入了测试阶段以及用于抽水蓄能电站中。

在氢气或合成甲烷形式下的电能的化学存储体系具有以下好处。

• 一方面，可以在现场提供存储，例如直接架设在风能电场中，因此可以省去管网架构的投资。

• 另一方面，适合于甲烷的大存储场所已经存在于欧洲，因此现有的基础设施可用于电网与气网的结合中。这种可用存储器的使用能够进一步扩展欧洲的能量存储系统。欧洲整体经济有能力使用现有的大型天然气存储设施。

• 此外，存储的能量通过气体分配系统输送转出，可以省去电网的扩建。

总体来说，在过去几十年中，电能存储单元有助于确保安全和低成本的能量供应。这适用于地区级及以上的存储单元，也适用于大型储能系统。这些存储系统在现有的电力供应中至关重要。存储系统可以协调产能系统和耗能系统之间的时间错位，这使得在低负载时期运行资本密集型的基本负载设备成为可能。另外，通过高水平的可控性，存储还可以提供网络和辅助服务。以这种方式，储能对于确保电网的稳定运行具有重要的贡献。在经济上，这些任务主要在抽水蓄能电站中实现，并且已经存在了几十年。

通过可再生能源生产的进一步扩大，对能源生产系统的结构和操作上的总体要求也在不断提高。特别是整合波动的和预测范围有限的风力和太阳能发电需要能源系统的广泛适应性，特别是在地方、区域、国家和跨国层面的扩大。人们在国家和国际层面对电能存储都进行了大量的努力，以扩大现有的抽水蓄能电站并向市场引入新的蓄电技术。

如今可知，供电系统的技术和组织结构限制了进一步有效整合可再生能源的波动率。为了提供长期可持续的以及安全和成本有效的电力供应技术，

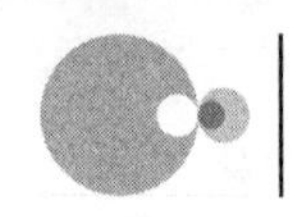

除了创建新的能量存储体系外,还需要系统具有较好的适应性,使得可再生能源可以与能源需求以及电网的容量相协调。这可以通过集成化学能量存储或电转燃气系统来实现。在不稳定的生产单元旁边创建电转燃气系统,可以在最佳时期(例如夜晚)通过电力线来传输电能,或者以氢气或者甲烷的形式供给气体输配系统来利用多余电能。

尽管大家都知道,额外能源存储设备的建造是必不可少的,但是部分人们、自然保护区,以及环保组织对新的抽水储能设备的建造持批判态度,因为它会破坏自然景观(Cohen 等,2014)。很多情况下,在居住在抽水储能设备附近的居民看来,分散的储能技术因为能够避免对自然景观的破坏而比抽水储能技术更受欢迎。更加先进的储能技术必须代替抽水储能公诸于众,因为抽水储能在选址和存储能力方面十分受限(Tichler,2011)。例如,奥地利高山地区在地形上非常适合进行抽水蓄能。德国能源署量化了奥地利高山地区在 2 GW_{el}的模拟计算中附加抽水蓄能的可能性(德国能源署,2010)。不知道这项工程是否包括在 2010 年年底已经计划的项目中。奥地利能源署列举了计划停产的且具有 2.9 GW_{el}能力的混凝土抽水蓄能项目(奥地利能源署,2010)。总的来说,奥地利在 2010 年年底安装了电气性能约 3.8 GW_{el}的抽水蓄能电站(Tichler 等,2011)。利用可再生能源来完全满足奥地利的电力需求,就意味着风能和太阳能的生产能力在大幅度增加。这反过来又要求存储系统的容量要超过现有抽水储能容量的一百倍(TU Wien,2011)。

除了成熟的技术之外,抽水储能设备的另一个关键性优点是,与电转燃气系统相比具有较高的效率。而严重的缺点是,上下水库之间所需的落差,以及在计划建设新建筑的情况下由当地居民提出的问题——对自然景观的破坏。此外,与电转燃气不同,它用于周或月的储能或季节性再分配系统是不现实的,因为它的容量与可预测的由风能和太阳能产生的长年累月的过剩能量相比实在太低。因此,抽水储能通常用于数小时或者数天的储能,以平衡白天和晚上或工作日与周末和假日之间的产能与耗能波动,以及用于调节性能。这使得电转燃气技术因其工作容量而具有重要的潜力。

与抽水储能相反,诸如压缩空气存储器、旋转质量、超级电容器、超导线圈和大型电池存储器之类的先进存储技术大多还在商业推广的前端或在开发和演示阶段。压缩空气储存器与抽水储能的功率范围和性能相当,但效率比较小。绝热空气压缩储能技术使得它的储能效率得到了显著提高,能够达到70%,但是仍停留在发展阶段。对于可再生能源的系统集成,原则上除了中央大容量的存储器之外,小的分散存储器可以作为电池存储器连接到配电网络中。这些存储系统不太适合于以周或月为单位的存储周期。以化学物质形式储能的电转燃气系统使得因分布式发电导致的不稳定的偶然的电能在进入气体输配系统之前,可以在可再生的生产设备旁被保存,这些可能导致未来化石燃料火力电厂投资标准的降低。在高峰时段将光伏模块产生的电能导入快速降低了现有“传统”发电厂的利润或其收益性,并且导致(燃气)发电厂的发展变缓。化学能储存可以降低可再生能源的峰值供应,并且能够以这种方式更好地利用现有的发电厂。

5.1.2 电转燃气工厂带来能量传输形式的新方式

通过电转燃气以化学能形式存储能源的一个核心意义是,能源运输将有可能从电网运输转向燃气运输。这与作为天然气管网附带的氢气生产有关,也和合成甲烷气有关。

电转燃气系统还可以通过有效调节电厂的位置来减少社会人口增多所带来的能量系统的问题。在中欧,大范围架设高压线输电网络遭到群众强烈反对的问题也能够利用该技术在一定程度上得到缓解。当前利用风能产生的电量必须直接运输到买方或进行常规电力存储,例如抽水蓄能。因此,未来在欧洲电网扩张方面的巨大投资是必然的。电网的这种扩展,对于来自北非、北海或斯堪的纳维亚半岛存储区域的电能输送,将与其地形的显著变化相关联,从而引起明显的社会人口问题:将电能输送到一条新的能源线上需要架设大量输送设施,这将会受到群众的阻挠。目前,人们对于在自然景观上架设输电设备的行为还相当抵触。以天然气网络代替电网,将可避免因架设大规模电力输送设备而造成的人口迁移和城市圈的无序扩张,减少因必要的电力基础设施项目所造成的社会紧张,因为现有的天然气网络在不扩展的基础上仍然可以吸收较大的附加容量。这是著名的“别在我家后院(NIMBY)”问题。此外,附加的抽水蓄能电站的实现也与社会对其的接受度相关。虽然倡导从大众的

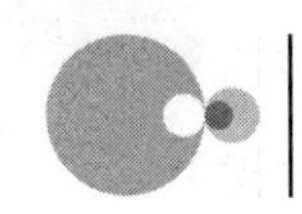

角度发展可再生能源,但主要基础设施项目的建造正面临着地方的抵制。

至于人们对电转燃气装置的接受度,至今还没有明显的迹象。一般来说,提高社会对新技术和能源基础设施项目的接受度是至关重要的,但对新技术的定量评估却极具挑战。鉴于当前的研究和开发水平,电转燃气技术的公众接受水平问题还不能完全被忽视。在市场渗透的背景下,提升社会对氢能源技术的接受度是很重要的,即在那些人们日常生活环境中接触到能源的领域(例如交通运输)加大应用。为此,德国最近已有人在研究人们对氢作为交通能源的接受程度。可以得出的关于其社会接受度的第一个大概的结论是,电转燃气(氢气和甲烷)相对于现有的各种储能技术以及电网扩展是具有优势的。这代表了在未来能源领域,该技术是不可忽略的。

部分能量输送从电网转移到燃气管网将使电网的大规模扩展不再必要。由于能源政策的发展,特别是德国能源转型政策下,这种转移是必要的。将能源转化和存储为具有高能量密度的氢气或甲烷,可以通过已有的燃气管网传输到消耗中心。

在中欧,高密度电网的架设将会减少。电网由于波动而产生的停电事故,如果没有采取相关的补救措施,将对人口和经济造成严重的后果。各方面研究(Brauner,2003;Reichl 等,2006)量化了后续不断的影响程度和大规模断电的成本。

因此,电转燃气系统可以减轻由于公众对大型输电线和火车轨道的反对,以及由于地形地势造成的大规模电网建设困难。能量传输从电网到燃气管网的转变可从两个维度上进行概括。

(1) 燃气管网中较高的能量密度和结构不需要额外的容量,也不需要对管网进行大规模扩展,这样可以减少对基础设施的投资。

(2) 燃气管网的扩展与电网的扩张有关,对地形的影响较小,群众的接受度将会增加,并且可以减少土地成本。因此,与相同输送量的电网相比,附加的燃气管网的建设具有对地形以及沉降的干扰依赖度较小的优势。图 5.1 说明了这种情况,显示了燃气管网与相同输送量的电网在空间上的对比情况。

这种优势在未来能源政策和能源基础设施的规划和设计中将产生巨大作用。在这里,我们考虑了扩大电网基础设施和建设单一的高负荷输电线的成

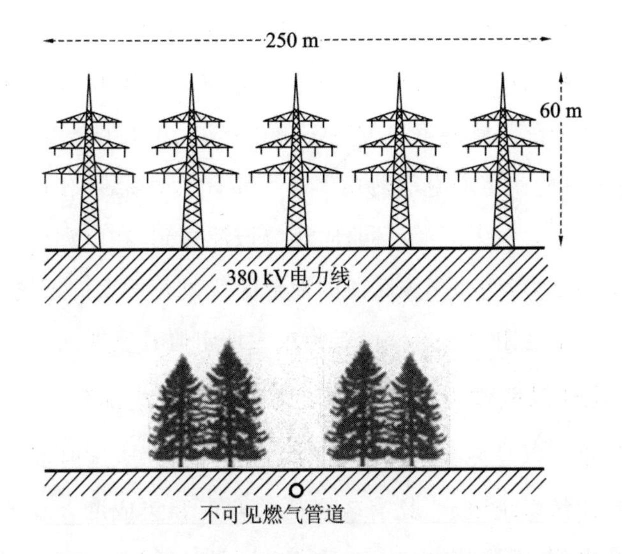

图 5.1　相同能源运输容量的天然气管道和电力线路所需占地面积比较

(来源于林茨约翰·开普勒大学能源研究所,2012)

本。虽然目前电转燃气技术的成本相当高,但通过将这些额外的成本包含于系统成本,从长远来看,电转燃气的成本具有市场竞争力(Tichler 等,2011)。

一些研究还表明,由于电力生产量的增加必须扩大对可再生能源(风能特别是陆上风电光伏发电)的分配,从而使电力系统的供电可靠性增强:

> 在可再生能源发展过程中需要扩大其分配……特别是在日益增长的太阳能和风能的领域,经常需要恢复从分布点到传输网络的管线,这种情况急需调整(SRU,2010)。

由于分布式发电的增加,在本地配电网中出现的问题主要集中在三个方面。

(1) 线路过载:由于 NSP 电缆的增加导致线路老化速度加快,所以需要非常精细的并行电缆。

(2) 变压器过载:这里(虽然增加了发生的次数)与线路过载具有相同的问题,并且需要额外的变压器。

(3) 违反电压带:在配电网中非常频繁的发生这个问题,预计会增加设备损坏的风险。一种可能但尚未充分研究的方法是对其进行功率控制。

Schmiesing(2010)指出,线路和变压器的传输容量不是主要的问题,主要的问题是客户感知到的电压稳定性。当其分配超过网络运营商的最大线路电压时，除了经典解决方案外，Igel 等(2010)指出还可以使用有源电压控制和使用电能存储作为分配问题的解决方案(Tichler 等，2011；Igel 等，2010)。

因此，通过将所产生的电能转换为氢气和合成甲烷，将使电力输送系统和电力分配系统的压力大大降低。同样，还应该注意到，在欧洲国家大规模扩张电网会遇到很多阻力，例如相关路段的地形干扰以及群众的抵抗(当前较小的项目已经遇到了上述阻力)，这些困难将极大地阻碍其发展。

5.1.3 电转燃气作为构建混合电网的重要组成部分

电转燃气也可以是混合电网发展的关键组成部分，这时混合电网是由双向耦合的不同能量系统组成，具有较强的关联度和集成度。基于能量系统的观点构建混合电网，无论从供应安全的角度还是从欧洲未来经济的角度(特别是中欧能源系统)，都是非常重要的。从供应安全的角度来看，混合电网可以提供改进的负载管理以及对来自其他网络的能量进行交叉存储。从经济的角度来看，尤其要注意提高资源效率，以及减少单一网络扩张的强度，从而减少基础设施的扩建。混合电网的实现优化集成了现有的基础设施，其中涉及未来所有的能源网络——电力、天然气系统、热力、供水、运输网络等。在此基础上，还可以在能源空间规划中做出相关的战略决策，使得在某个区域内，也因此在某个有关键的积极贡献的超区域内，可以继续开发能源系统，从而加强国内经济的发展。

热能、电能和燃气管网最近围绕性能进行了优化，并且常常同步运行。目前，电能和热能之间以热电联供技术的方式相关联，通过热泵从电能到热能管道，通过发电厂和燃料电池从燃气到电网和区域供暖。近年来，由于信息和通信(ICT)技术的发展，交叉领域逐步成为人们关注的焦点，并且推动了一些全新的技术，这就使各个体系可以更加紧密的耦合，从而将原有独立的体系推到其极限。

这就是为什么需要考虑所谓的混合管网(Lehnhoff，2013)。在混合网络(新)接口技术下，极强地连接或集成了双向耦合的不同能量网络(例如电、气、热)的电力系统。混合管网为存储容量和负载位移提供了巨大的潜力(Begluk

等,2013)。高度不稳定的能源,例如风能以及太阳能可以被有效地和最佳地集成在能量系统中。网络之间的连接不仅影响到能源的传输,而且会使新的存储形式成为可能。

管网互连的研究是一个需要长期进行的工作(例如热电联供),或者需要进行着重研究(例如电转燃气)(Gerhardt 等,2011)。电转燃气技术实现电网至燃气管网的连接,因此实现了完全的混合电网(除了从热能至燃气管网的连接)。

考虑到稳定地增加波动的可再生能源(例如来自风能和太阳能)的发电容量以及发电容量在电力系统中的额外集成,电网对传输和分配特别是集成储能的需求增加了。在澳大利亚,水利发电占据了总发电量的60%。然而,要达到100%的覆盖率需要更多的可再生能源来支撑。由于风力和光伏的发电能力存在波动,从而需要将大量的能量储存起来,这导致现有的抽水蓄能电站的存储容量至少需要提高4至5倍(TU Wien,2011)。

在可再生能源系统中,能量存储具有决定性作用(VDE,2009)。除了短期存储外,光伏发电和风能发电的季节特性使其需要进行长期存储(VDE,2012)。但是电力系统不具备该存储潜力。

一般来说,与单独的电网相比,具有双向耦合可能性的混合网络可以提供更大和更多时间变化的存储选项。基于总体考虑,还可以实现对经济(避免冗余和不必要的扩展)和生态(剩余电力的集成)的改进。

由于耦合技术或混合电网的实现,现在,能源之间的传输以及在管网之间的传输不仅是"智能的"或通过 ICT,它们也可以是双向的。如果能源传输和网络规划在经济上和技术上可行的话,这将是一种改进。

进行全网优化的目的是有效地利用现有的基础设施和能源资源,这意味着应在新设施的规划中实现一体化。这些用来克服独立体系的问题(例如容量限制)的新方法不仅导致了初级能量效率的提高(例如,使用未集成而关闭着的风能),而且还因现有基础设施的改进(年利用率更高)提高了盈利能力。

然而,所有的相关方都面临共同的新挑战,这时仅仅合作是不够的。他们也必须能够通过适当的模拟和随后的回顾(第一经济,第二社会=成本效益,第三生态=资源,环境和气候友好)形成包容和可持续的体系,从而为公司、经济和气候带来更多的效益。为此,不仅需要技术研究,还需要社会经济学的研究。

在能源系统中,某一种能源效率的提升是帮助实现电转燃气技术不可忽视的因素。但这是很难说明的,因为其高度依具体的应用而定。正如生产氢气用于电动车,它作为储能选项来讲是没有优势的,电转燃气技术的总效率必须与传统燃料相当。这里,电力生产的效率是至关重要的,其所有情况都会提高经济中的资源效率。此外,来自风能、光伏、地热或水力发电的电能中的可再生燃料(例如氢气或合成甲烷)与第一代生物燃料不同,它不会面临生物学上的其他用途的资源竞争,比如食物生产。在这种情况下,如果电转燃气产品在交通运输领域取代第一代的生物燃料,则将提高资源的利用效率。

5.2 电转燃气过程链

电转燃气的宏观经济和系统相关性优点表明,电转燃气不应仅限于存储功能,它也可以用于其他的系统功能,如能源的运输。考虑到欧洲能源系统,且更多来说是电网本身的架构,从中我们可以很清楚地知道:电转燃气可以提供更多实用的功能。电转燃气系统内的各种技术选择在各种实例中显示了非常广泛的具体应用和技术特性,这些都将以不同的方式在未来的能源市场中发挥巨大的价值。此外,能源系统中所需的应用将决定技术发展的趋势。在本节中,我们将描述电转燃气技术可能的应用广度,以及随之产生的不同过程链。

本书开头讲到,电转燃气技术用于储能和基于储能的其他应用,其发展的优先顺序是不一样的。这些可选的应用对储能的实现也有重大的意义。尤其是对于能量系统或某些特定人群,长期存储可为其带来特别的好处。

从广义上看,电转燃气系统包括从电能产生氢气、二氧化碳到最后产生甲烷的所有技术和过程。单纯就转化而言,“电转燃气”技术仅限于生产氢气和甲烷,而电能转化成的碳氢化合物(例如甲醇)则与“电转燃料”的关联性要更强一点。在国际标准不明确的情况下,对电转燃气的分类至关重要,因为只有这样才能对其进行系统评价。

可以将电转燃气系统常用的应用或工艺分为以下两种不同的类型。

(1) 电解产生氢气，然后加上用二氧化碳生产甲烷。这种技术是通过可再生能源，主要是(但不仅仅包括)从风能和光伏产生的电能，以甲烷的形式进行能量存储的。氢气(H_2)、二氧化碳(CO_2)转化成甲烷(CH_4)是在特制的设备中进行的。

(2) 电转燃气，也被称为专门用电能产生氢气的系统。氢气可以存储，然后直接使用(特别是在运输阶段)。另外，可以在天然气里面添加氢气(目前在奥地利氢气的比例最高达4%)，因此氢气可应用在所有能源段(热能、电能、运输)(Tichler,2013)。

该定义包括电转燃气技术或者系统的确切配置，这使得其在能量系统上具有不同的应用。大体上，就应用的多样性及形式的多样性而言，电转燃气是一套灵活性很高的系统。虽然各种各样的应用都需要新增的电解形式，但电转燃气的核心技术在所有应用中都有所保留。

根据定义，电转燃气系统有五个显著的优点，可以理解成对相应问题的不同解决策略(Tichler和Gahleitner,2012)。

(1) 提供电能的长期存储，以及相应地改善对稳定性较差的电力生产的管理。

(2) 能源运输从电力系统向天然气系统转移，以及相应电力基础设施扩展的密度降低。

(3) 使用合成甲烷和氢气等可再生资源，提高了运输部门中可再生能源的份额(Gahleitner和Lindorfer,2013)。

(4) 帮助所有相关能源领域(电能、热能、运输)在地势不便或偏远地区建立起可以自给自足的解决方案。

(5) 二氧化碳作为原料使用(由此可能产生减排证书)，增加资源的利用率。

电转燃气的各种基本功能意味着其各种形式的过程链，以及基于不同技术的商业模式，也意味着能量系统中各种不同的基准。这使得可以根据系统或竞争技术的兼容性，对当前和预期的商业形势进行严谨的分析。因此，需要对电转燃气系统和相应的竞争系统或可选替代解决方案的具体应用进行经济性评估。

下面将介绍一批电转燃气厂可能运用的应用。这些应用并未考虑到经济可行性、法律实施可能性,甚至是具体的技术表述,而是主要体现市场参与者对于电转燃气厂的建造和运行所抱有的特定意图。因此,这些应用涉及特定市场参与者的具体利益,这些利益都可以从电转燃气技术中得到。然而对于基于电转燃气的特定商业模式来说,到现在还没有工厂对其表述及其最优操作条件作出分析。

电转燃气厂的各种应用对于其能源市场的参与者尤其有利。

(1) 电网运营商建设电转燃气厂来替代传输网络的电网扩张中的重置投资,否则他就需要增加供需地点之间的能量传输投资。因此能量的传输可以转移到气体管网中,建立电转燃气厂的优先目的就是降低电网中的基础设施成本。

(2) 电网运营商通过建设电转燃气厂与再转化技术(如燃料电池)结合用于私人住户、企业或偏远地区,以取代将电网连接到用户的昂贵投资,并保证全年供应。因此,建立电转燃气厂的优先目的也是减少电网中的基础设施成本。

(3) 电网运营商建设电转燃气厂,以解决电力系统(特别是配电系统水平)的负荷管理问题。在电能产量高的时候,通过可再生能源(临时)存储电能,可以优化系统成本的同时维持当前电力平衡。

(4) 燃气管网运营商建设电转燃气厂,通过将电能的传输转移到燃气管网中,实现对燃气管网的更高利用率。燃气管网运营商建设电转燃气厂的首要目标是提升燃气管网的运行能力。

(5) 氢气供应商与燃气管网运营商建设电转燃气厂的目的类似,都是想将能量从电能转换成氢能,从而实现燃气管网更高的利用率。

(6) 风能或者光伏发电系统运营商建设电转燃气厂,以便停止采用电力市场中的以可再生能源作为能源的优先方案,而采用电转燃气厂生产燃气,进入天然气管道,通过这一方式实现能量存储和转换,使得风力涡轮机或光伏发电系统在任何时间都可以持续运行。这样可以提高系统的总体效率,从而增加年全负荷运行时间。

(7) 风能或者光伏发电系统运营商建设电转燃气厂,可利用各种能量单元进行中间存储,并在电力市场中以最佳时间和合适的价格进行销售。这可以优化当前销售状态。

(8) 沼气厂运营商建设电转燃气厂,以增加二氧化碳在合成甲烷中的使用,并提高沼气的总生产效率。

(9) 储气运营商建设电转燃气厂,通过产生的额外天然气,实现在特定时间内更高的气体存储利用率。

(10) 储气运营商建设电转燃气厂,通过生产新的可再生气体提供可再生储能产品。

(11) 燃气贸易商建设电转燃气厂,其目的是将一种新的可再生气体产品推向市场销售。

(12) 电力生产商或贸易商建设电转燃气厂,其目的是将一种新的可再生气体产品推向市场销售。

(13) 燃料生产商或贸易商建设电转燃气厂,其目的是将一种新的可再生气体产品推向市场销售。

(14) 工业工厂(化学工业)建设电转燃气厂,以提供新的可再生化学品或材料产品。

(15) 电力生产商或贸易商建设电转燃气厂,以便从可再生能源丰富的偏远地区(例如撒哈拉、巴塔哥尼亚等)获得可再生电力,并且将其运输到需求地(例如通过管道)。

(16) 服务站运营商建设电转燃气厂,以提供新的可再生氢气产品并且可独立供应氢气。

(17) 具有二氧化碳排放限额的工业厂商建设电转燃气厂,将额外排放的二氧化碳和氢气合成甲烷,从而提高现有资源的利用率和生产能力。

(18) 具有二氧化碳排放限额的工厂建设电转燃气厂,利用可再生能源替代化石燃料,从而降低二氧化碳的排放量。

(19) 发电厂建设电转燃气厂,可以提供额外的负平衡能量并且能够在平衡市场上产生收益。

(20) 发电厂建设电转燃气厂,可以提供正平衡能量,并且因此避免在工

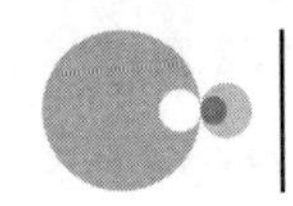

厂中的替换投资。

(21) 汽车工业建设电转燃气厂,可以减少汽车的二氧化碳排放量,从而符合法律要求,同时可以提供新产品。

(22) 公共交通(例如公共汽车、电车、火车)运营商建设电转燃气厂,可以减少车辆二氧化碳的排放量并确保可再生能源使用的灵活性。

(23) 家族企业建设电转燃气厂,并与燃料电池组合,在满足自身所需能量的同时,也可成为一种家族地位的象征。

(24) 家族企业可以在电转燃气厂中存储电力,并且在灵活的利率下优化当前的参考成本。

(25) 类似沼气或煤气的工厂建设电转燃气厂可以改变现有气体的质量,使产生的气体可以进料至天然气管网中。

(26) 在需要大规模存储常规能量的地区,比如抽水蓄能电站建设电转燃气厂,可以将能量输送转移到气体管网中或在地下进行能源存储。

(27) 公共部门运营电转燃气厂可以增大可再生能源的比例,同时提高能源系统的总体效率(减少发电厂的关闭)。

不难看出电转燃气的应用范围十分广泛。当然,其商业特征与不同的应用基准相兼容有很大区别,这将会在接下来的章节中进行讨论。

在奥地利和国际能源系统中,电转燃气通常被认为是适用于各种应用和不同形式的非常灵活的系统。基于系统的具体能力可以开发出不同的商业模式,也意味着针对不同的市场参与者、针对具体情况具有多样性选择。在未来的能源系统中,电转燃气将会有更加广泛的应用,也会在技术方面产生广泛的经济影响。然而,电转燃气系统发展的真正目的是应对来自不稳定的能源生产带来的挑战,是为了能长期储存能量。

氢和甲烷过程链系统的优势和缺点如下。

电转燃气系统的各种过程链显示,我们有必要建立生产氢气不生产甲烷的工厂,以及只生产甲烷的工厂。基于 Tichler(2014)的推导分析,通过基本调查可以直接比较电转燃气工厂生产氢气和合成甲烷的优缺点。

电转燃气系统中生产氢气相对于合成甲烷的优势在于以下几个方面(Reiter 等,2014)。

(1) 与合成甲烷相比,氢气的生产成本相对较低。

(2) 氢气的生产可以是更全面的动态驱动过程,不需要额外的缓冲模块。

(3) 氢气生产过程的转换损失较低,与合成甲烷相比效率更高。

(4) 与合成甲烷相比,生产氢气时,更容易实现能量存储自给自足系统。

(5) 生产氢气时不需要二氧化碳,因此区域依赖性较弱。

(6) 与甲烷相比,氢气的燃烧产物是水,可以直接被排放。

电转燃气系统中合成甲烷相对于生产氢气的优势在于以下几个方面(Reiter 等,2014)。

(1) 与氢气的直接存储相比,合成甲烷的存储要求更低——氢气的直接存储在技术上更复杂而且更昂贵。

(2) 基于现有的一些基础设施,合成甲烷的使用和运输成本都较低,而目前输送纯氢气的管网设施很少。

(3) 由于技术兼容性和氢气进料至天然气管网时的浓度限值要求,对消费者来说,使用合成甲烷具有较低限制性。

(4) 由于甲烷的热值和传统天然气的相接近,所以合成甲烷的计费更简洁——由于天然气中氢气的比例较高,所以有关的计费系统存在微小的变化。

(5) 为了存储和运输能量,燃气必须进入天然气管网。因为要确保将提取物混合在一起,在进料时特别容易产生问题。但只要符合规范,合成甲烷的进料不会发生这些问题。

(6) 合成甲烷的生产解决了对其他市场参与者的潜在依赖性问题,在气体分配系统中,氢气的量已达到最大值,在合成甲烷的情况下这种依赖性问题并不存在。

对于评价生产甲烷和氢气哪个更具有优势的问题,只能依据具体情况具体分析。必须对关键决定因素逐个评估,并分析氢气或合成甲烷的优缺点。从作者的角度来看,过于简单的评估是不可接受的。而电转燃气系统的灵活性允许使用两种不同的能源。

5.3 电转燃气系统的商业模式

一个系统或技术的经济相关性的核心问题是除了系统性优势之外,是否存在经济上的正面效应。如果没有,采用怎样的方法以及怎样在公众之间产生影响就应该是关注点。实施新技术框架的核心问题是,能否通过推出一个特定的产品或系统在商业和经济上获得长期的利润。在市场方面,在该系统的经济正相关性存在的前提下,投资回报率的财务分析数据没有必要非常准确。

当然,经济的活跃发展大大加快了市场渗透的实现速率。电转燃气系统便要抓住这个契机。电转燃气系统对能量系统有利,同时也有利于经济。所涉投资的直接经济效益具有关键的经济重要性。投资于国内的电转燃气技术设备可以提高国内生产总值。

目前,电转燃气技术和系统还处于发展初期(不同规模的单个试点和示范工厂已经在设计或实施中),所以该技术在这一发展阶段时期可能无法对经济回报率进行计算,这其中也有经济学原理的原因。由于学习曲线效应和规模经济性,新技术的生产成本普遍下降;这并不是电转燃气系统的特点。当然,在这里推广的速度和各种推广形式可能具有本质上的重要性。能量系统的快速变化给其带来了一个重大的挑战。应该提供高度创新的产品和服务——例如能源储存新形式,以满足许多新的要求,如改善来自可再生能源的能源整合。

由不同的科学规律的角度和经验扩散研究的结果得出,创新技术的成功扩散通常遵循S曲线,随时间函数的增加对被采纳分量进行累积建模,由最初的凸函数变为凹函数(Rogers,2003)。在这种情况下,由于各系统组件处于不同的开发阶段,电转燃气技术对这些组件的具体选择是比较困难的。因此,动态电解制甲烷比用甲烷化反应合成甲烷的方法显得更为先进。对于受到推崇的创新型设计,其未来将在其他市场占据主导地位,技术学习可以快速进行且因此加速了国际推广(Beise,2001)。相应地,这也要求人们应对其所有的未来发展和在全球市场中的趋势有所了解。

在其他地区,对于能源储存和运输技术的需求趋势是不会改变的。这可以导致显著的学习曲线和规模经济效应,使得中欧市场中技术组件的决定性成本降低。其中的关键点是,未来在那些基础电网设施不发达的地区对于备用系统的需求。

目前,中欧地区对电转燃气系统有大量需求,有时在其他地区(例如加拿大或法国海外殖民地)也是如此。然而,在全球范围内,对于该技术的需求很大程度上取决于电网欠发达或不发达的发展中国家和新兴国家对于分散系统备用性的考虑。在印度,由于 Telekom 工厂目前在使用低效率且昂贵的柴油发电机,电信运营商电力供应严重不足。具有集成氢气生产和存储以及再转换功能的电解单元和燃料电池的备用系统可以提供关键且有前景的替代方案。在亚洲、非洲和南美洲,由于电网基础设施发展不完善,大量地区电力供应不足,因此产生了对具有动态电解器单元的电力备用系统的大量需求,电解器的整个生产过程可以提高到半自动或全自动化阶段。动态电解槽的投资成本从根本上受到技术进步的影响,所以在大规模生产时,学习曲线将发生显著变化。目前还不能对该发展进行准确的评估。

下面对电转燃气工厂的成本特征进行一个大致估计,参考了大量的技术、法律和经济差异。很明显,为了评估电转燃气系统的宏观经济表现,技术的部署和使用是十分重要的,并由此开发了各自的具体市场。因此,对于整体系统中处于某个位置的电转燃气工厂,不同商业模型的经济分析必须根据其系统性基准来解释。当然,商业竞争与各自基准的兼容性特征构成也不同。这使得在系统兼容性或竞争技术方面将对当前和预期的业务形式进行适应性分析。因此在对电转燃气系统的特定应用进行评估时,相关系统的竞争或替代解决方案是很有必要的。

在这种情况下,本书无法详细介绍不同的成本特征。对于现在与未来的成本,以及成本构成更加细致的检测和分析可参见 Steinmüller 等人的文章(2014)。

对不同过程链的评价通常表明,灵活度高的电转燃气储能设备会随着具体应用产生差异较大的生产成本。Steinmüller 等人(2014)的定量经济分析表明,电转燃气工厂的当前投资成本是相对较高的。现有的技术——基于动态电解的产氢和连续式甲烷化都还在发展之中。

电转燃气工厂投资成本的最大组成部分是电解过程产生的成本,其次是甲烷化工厂的部分。未来投资成本的发展,尤其是针对上面两种成本构成,需要考虑学习曲线和规模经济效应。未来电解和甲烷化投资成本的降低和技术

学习曲线有很大的关系。将通过提升技术来降低成本和通过扩大累积容量来降低成本(更多和更大的安装系统)相比较可得出一个明显差异。根据 Grond 等人(2013)对碱性电解器的研究,通过提升技术预计可以使年成本降低 0.4% 左右。在 PEM 电解中,2.2%的改善潜力被评估为显著的年度增长。有研究(Schoots 等,2008)表明电解的学习率保持在 18%,Steinmüller 等人(2014)通过值分析证实了这一点。Steinmüller 等人(2014)分析表明通过改进甲烷化技术,每年成本降低的潜力为 2%。与电解器不同的是,甲烷化工厂要想降低成本,必须扩大生产规模。

因此,在当前的技术阶段,氢气和合成甲烷的总生产成本高度依赖于可实现的满负荷时长。除了可实现的满负载时长之外,另一个关键因素是所用电解器的额定功率,因为特定投资成本会随着功率的增加而降低。这些规模经济在甲烷化反应器中也同样存在。技术组成的进一步发展可以使生产成本降低,这对于电转燃气技术的商业应用至关重要。

在电转燃气工厂中,由于在整个过程中甲烷化附加步骤的投资需求增加和效率降低,甲烷化的最终成本通常高于氢气的生产成本。然而,在某些应用中,甲烷化是必要并且有用的,例如,当充入燃气网络的氢气失效时。

根据 Koppe(2014)的研究显示,当前的具体成本只能使用近似标准值,因为相应工厂设备的实际成本取决于系统的预期用途。目前,对于约 2000 欧元每千瓦电力的 PEM 电堆实现的 AEC 电解槽的纯电解堆的投资成本为 1000 欧元每千瓦电力(Koppe,2014)。根据安装容量的大小和电解技术的不同,每千瓦电力转换的投资成本也有所差异。在 2014 年包括所有电解电流在内的成本在 1500 欧元每千瓦电力到 9000 欧元每千瓦电力之间。Steinmüller 等人(2014)预测到 2030 年,对于更大的系统,包括电解外围设备(stack+O)在内的碱性和 PEM 电解器的成本均会低于 1000 欧元每千瓦电力。作为比较,Lehner(2014)认为,对于以甲烷反应形式的甲烷反应用于较大系统时,未来投资在 130~300 欧元每千瓦电力。

实现电转燃气装置经济可行性最关键的因素是投资成本,尤其是价格体系的发展和所谓目标电能市场中的价格差。这与可购买到的电力价格和当前电力销售价格的差别有关。如果没有大型的电转燃气工厂,那么电解器的电力成本、电力需求及电解效率和用于甲烷化的具体二氧化碳成本对于投资成本来说(特别是在低满负荷时长时)就是次要的。潜在的额外收入,如余热和产生的氧气不是本书的主要描述对象。Steinmüller 等人(2014)已经从各个过程链中对此进行了详细的探究。电解产生的副产品,即出售甲烷化过程中产生的余热,只能略微降低最终成本。

只有将产品与各自相应的已经完全成熟的技术基准相比较,才能对其作出全面的评价。需要强调的是,不同电转燃气过程链和不同商业模型具有不同的目的、产品、规模和应用,因此其生产成本也有很大的不同。

如果将电转燃气技术用于储存电能,这种情况下抽水蓄能法和压缩空气储能法就是特定的基准技术(运输管网的扩张和需求方的回应会提供更多选择)。在此过程链中,电转燃气工厂优先使用电网中多余的电能来产生氢气或甲烷。产生的气体随后被输送至公众天然气管网中,并且可以用于各种不同的应用。使用过剩的电能来进行生产供应氢气和合成甲烷的电转燃气工厂适用于电力生产波动很大的地方。可再生发电技术产电(如风电场)要有规模小、功率高的特点,否则这些投资会被关闭。产生的氢气和合成甲烷随后进入当地现有的天然气管网中,其决定性因素是天然气中允许的最大氢气体积分数和每个位置的瓶颈容量。

图 5.2 阐明了专用于电力存储的电转燃气系统的成本特性与其他可选电力存储方案的当前成本关系。图中,电转燃气的成本还包括将氢气或甲烷另外再转换为电力的成本,来直接与电能储存比较。通过实现学习曲线和规模效应来降低电转燃气系统的成本。这些电转燃气工厂成本的详细组成可参见 Steinmüller 等人的统计(2014)。

在各种情况下,生产成本的差异都不显著,但是在效率和扩展潜力方面,各种技术存在较大差异。电转燃气整个过程链的效率明显较低,抽水蓄能法和压缩空气储能法的发展潜力是受限的,且这些技术受到极大的地域限制,电转燃气的替代方案也无法实现电能的长期储存。

如前所述,电转燃气产生的氢气和甲烷可被用于运输。作为基准,生物质和化石燃料都可以被使用。在这种电转燃气过程链中,公共电网中的电能能够为运输部门生产可再生产品。其中有部分是用于燃料电池汽车的氢气,部

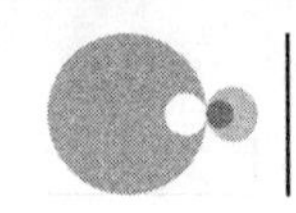

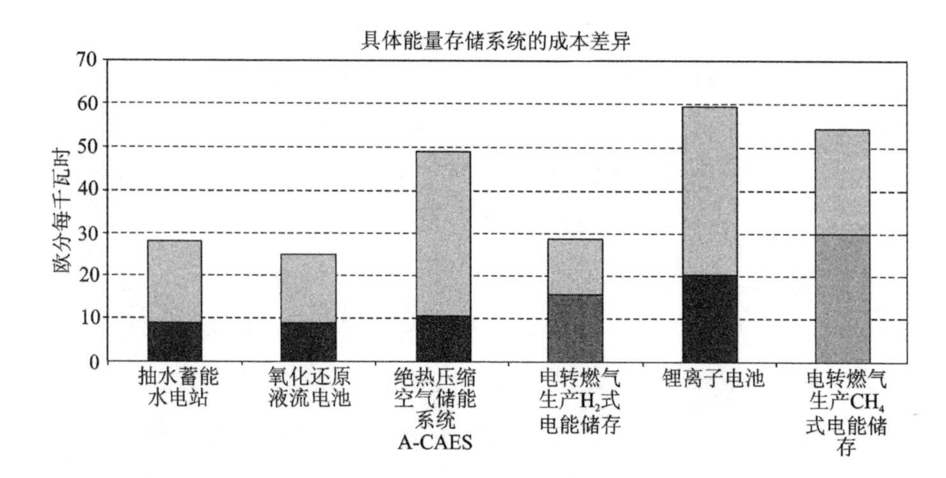

图 5.2　具体能量存储系统的成本差异比较(使用增强型电转燃气系统)

(来源:根据 Steinmüllert 等(2014)的数据作图。注释:(1)不包含不同商业模式的组合;(2)电转燃气通过实现学习曲线和规模效应,整合了电转燃气技术的增强型功能;(3)电转燃气还包括将氢气和甲烷分别再转化为电力——可列出的替代解决方案仅有电力储存;(4)图中的电力成本是在奥地利的实际法律框架中计算得出的(没有电网电价,不收取额外费用)。)

分是用于 CNG 汽车的甲烷。电转燃气装置产生的气体产品——氢气可以通过天然气管网来运输,也可以使用氢气管道或压力罐车来运输。该过程链中购买的电量不仅局限于公共电网中多余的电量,因此电转燃气工厂可以应用于高能量等级的能量转换。

图 5.3 描述了专用于生产汽车燃料的电转燃气系统的成本特性与其他可选能源的当前成本关系。电转燃气系统的成本包括电输入的优化,当然,这里不需要将氢气或甲烷再转化为电能。这些成本综合考虑了为改进技术而实现学习曲线和规模效应。这些电转燃气工厂成本的详细组成可参见 Steinmüller 等人的统计(2014)。

产品成本的比较显示了目前电转燃气产氢或甲烷的成本还比较高,但是随着未来价格下降,这一过程可以和传统燃料进行竞争,而差异将体现在温室气体的排放、电能潜力和空间需求方面。在未来通过降低成本,电转燃气可以从经济角度和现有燃料进行成本上的竞争。

在另一种过程链中,电转燃气工厂可以和燃料电池相结合,构成一个自给自足的系统,比如在地形偏远的地区。在这种情况下,电解产生的氢气可作为

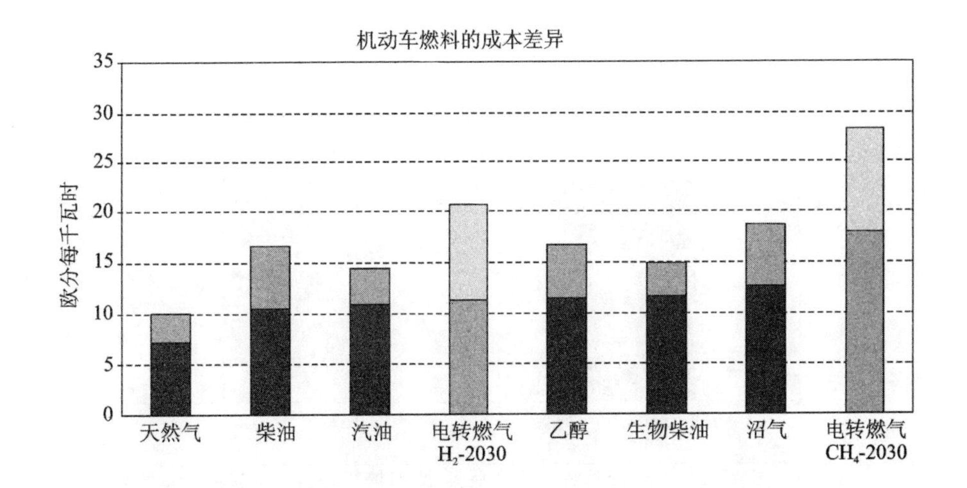

图 5.3　机动车燃料的成本差异比较(使用增强型电转燃气系统)

(来源:根据 Steinmüllert 等(2014)的数据作图。注释:(1)不包含不同商业模式的组合;(2)电转燃气通过实现学习曲线和尺度效应,整合了电转燃气技术的增强型功能;(3)图中的电力成本是在奥地利的实际法律框架中计算得出的(没有电网电价,不收取额外费用)。)

电能的储存媒介。自主光能系统(独立解决方案)产生的电能用于电解器电解产生氢气。各个组件的尺寸强烈依赖于每个独立解决方案所处的位置及其大小。氢气被就地储存起来,需要的时候再转换回燃料电池。这个过程与公共电力和天然气管网没有联系。

图 5.4 阐明了基于独立氢能源系统的电转燃气系统和现有的供电设施在对偏远地区进行供电时的成本特点。电转燃气的成本包括自身光伏模块直接使用电力的成本、小型氢存储系统以及燃料电池将氢气再转换为电能的成本。通过实现学习曲线和规模效应来增强电转燃气系统的成本集成。这些电转燃气工厂成本的详细组成可参见 Steinmüller 等人的统计(2014)。

运输氢能源的独立系统的高成本可以与给偏远地区输出电能的成本相提并论。尽管在图 5.4 中,一个拥有较低年电能需求,与主电源距离为 5 km 的孤立建筑是一个极端的特例,但实际上也存在这些适用条件的实例。尽管电转燃气技术的成本较高,但将其用于自主供电系统可以是经济上可行的应用。

电转燃气的另一种可能应用是对偏远地区产生的可再生能源的运输。在此过程链中,天然气管网被用于将偏远地区产生的能源运输到耗能地区。偏

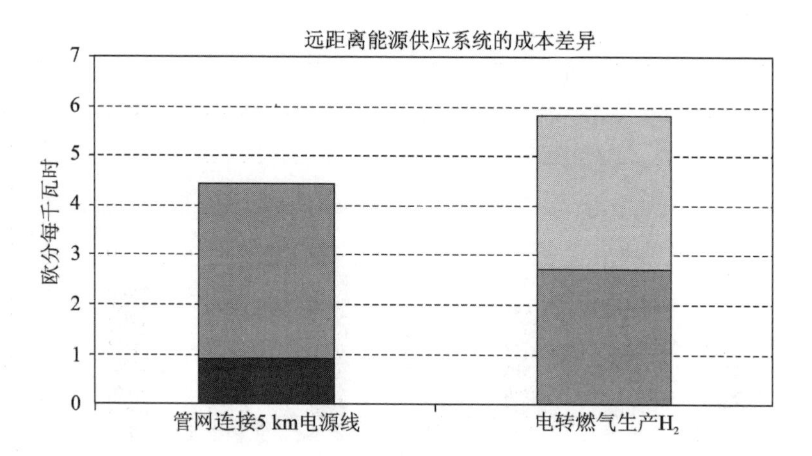

图 5.4　远距离能源供应系统的成本差异比较(使用增强型电转燃气系统)

(来源:根据 Steinmüllert 等(2014)的数据作图。注释:(1)不包含不同商业模式的组合;(2)电转燃气通过实现学习曲线和规模效应,整合了电转燃气技术的增强型功能;(3)图中的电力成本是在奥地利的实际法律框架中计算得出的(没有电网电价,不收取额外费用);(4)电转燃气成本包括用于将氢再转换成电的燃料电池和小型储氢系统的成本。)

远地区通常有极大的产生可再生能源的潜能(例如风能和太阳能),但是在这些地区通常没有较高的电力使用需求。为了运输这些可再生能源产生的电能,这些电能在电转燃气工厂中被转换为氢气或甲烷进料至天然气管网中。此后,气体可以用于各种不同的应用。同样地,也可以通过 HVDC(高压直流输电)来运输电能,但是必须建立新的能源基础设施。

可再生能源的高潜能的例子有海上或沿岸地区或沙漠中高地上的强大风力潜能。然而在这些偏远地区并没有能耗需求,所以需要将这些能量输送至耗能地区。能源运输可以通过电转燃气将电能转换为氢气或甲烷来实现。其可以被输入天然气管网中运输到电力需求高的地方。电转燃气的替代方案——HVDC 线路可以直接运输产生的电能。

可以应用这种过程链的地区主要是可再生能源(比如风能和太阳能)很丰富的地区。为了运输该地产生的能源,需要具有可接入天然气管网的接口。当电转燃气工厂产生甲烷时还需要二氧化碳源,这在偏远地区可能是个不小的挑战,可能需要运输二氧化碳。甲烷化产生的余热可以用在其他工艺中,如二氧化碳捕获和太阳能热电厂的预热。

使用 HVDC 来将能源从偏远地区运输至高耗能地区的成本目前比使用电转燃气技术的成本低，然而这种比较没有考虑到运输距离产生的运输损失。尽管电转燃气额外转换为能量载体的效率较低而成本较高，但是该技术在其他方面的应用是有意义的。例如，新建管网基础设施在公众心目中的接受度较低，而通过将氢气或甲烷进料至天然气管网中，甲烷化技术大量使用的是现有的基础设施(见图 5.5)。

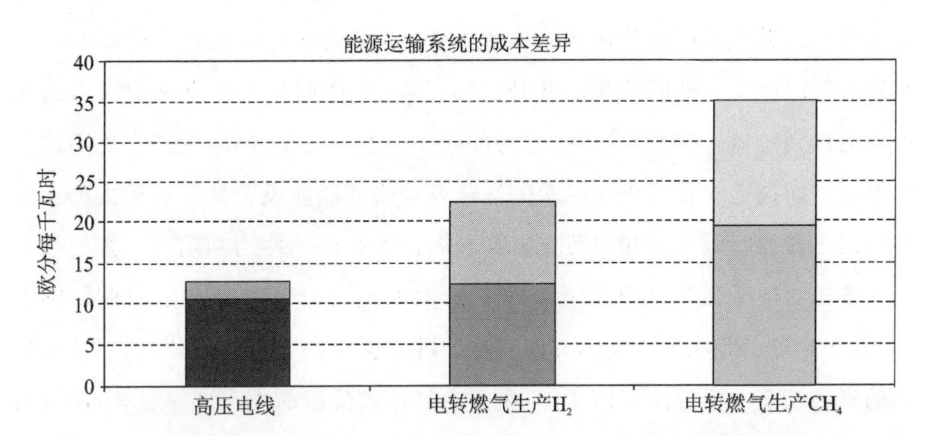

图 5.5 用于将电力盈余从波动性生产中整合到系统中的具体能源运输系统成本差异比较(使用增强型电转燃气系统)

(来源：根据 Steinmüllert 等(2014)的数据作图。注释：(1)不包含不同商业模式的组合；(2)电转燃气通过实现学习曲线和规模效应，整合了电转燃气技术的增强型功能；(3)图中的电力成本是在奥地利的实际法律框架中计算得出的(没有电网电价，不收取额外费用)；(4)电转燃气成本包括用于将氢再转换成电的燃料电池和小型储氢系统的成本。)

总体来说，分析显示了目前电转燃气工厂(氢气和甲烷)在经济上是远不能和其他方法如传统进料沼气竞争的。然而，电转燃气系统是一种目前还在发展中的技术。通常，学习曲线效应和规模经济性会降低新技术的相关成本。此外，应当注意当前的计算只涉及非常低的功率水平，其中高投资成本(相对于低的回报率)应格外引人重视。

一般来说，电转燃气技术独特的系统积极优势极大地掩盖了其经济可行性的问题。为了实现将电转燃气作为解决方案的经济和福利效益，必须从公共部门寻求支持。

此外，Steinmüller 等于 2014 年作出的近似分析表明，即使对于较高层次

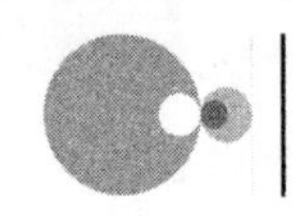

的宏观经济(基于成本特征),电转燃气工厂的建设对中欧经济也有积极的影响。另外需要指出的是,电转燃气工厂的实现和运行可带来更高的国内生产总值和就业率。商业模式应基于更高的产量,进口的替代能源将被能源储存所替代。与不实施电转燃气工厂的情形相比,该工厂的实施基于五个积极影响和一个消极影响,会促进国内生产总值提高和就业率的增加。

作为电转燃气工厂建设的一个积极因素,必须提及的是,投资动机可能会使建设电转燃气工厂的公司产生额外的支出,但是它也会在技术产品的生产和建筑部门产生额外的价值。此外,通过国内生产而从可再生能源风力或光伏产能得到的氢气和合成甲烷,它们可以替代进口能源,同时能产生更高的附加效益。而这建立在可再生能源电站以波动式的储能设备储存波动式的能源而输出电能的基础上。知识转化以及国内技术组件的使用和随之而来的技术生产和出口体系需要得到完善。投资的增加也会对就业率产生积极的影响(尤其在建筑工业和生产技术方面),这反过来会导致工资的增长,然后带动更高的私人消费。不过还应该指出,由于当前技术阶段的生产成本较高,而较高能源价格的流通会对最终用户产生部分负面影响。

对积极宏观经济结果最显著的影响是通过国内能源生产替代进口能源,从而产生显著的增值利润和带来净出口的显著增加。这基本上得到了积极的投资动力的支持,而建筑、制造和服务公司将从中受益。在中欧,能源进口将被取代。对中欧地区电转燃气工厂的建设和运营的宏观经济影响的定性评估表明,电转燃气的应用所带来的多轮效应一般是积极的,尽管经济负担对其盈利有多方面、多角度的负面影响。

5.4　法律层面

电转燃气的全面评估和任何技术一样面临着不同国家的法律问题。对具体技术进行全面的法律分析,需要更多地分析具体国家的法律。比如,一项技术在德国的适用法律和资格条件与在澳大利亚和法国就有所不同。因此如果没有特定区域或国家背景,电转燃气在法律体制方面的问题将变得非常复杂。

出于这个考虑,本节讨论了电转燃气的法律体制。此外,欧盟法律体制下的基本问题是在电转燃气的背景下进行讨论的，并且需要积极的公共监管来促进电转燃气顺利进入能源系统。

从经济和技术的角度出发，明确关于电转燃气的法律体制迫在眉睫。只有得到法律的支持与保护，才能在电转燃气产业进行重大的投资活动。这些投资一方面促进了电转燃气的研究和发展，另一方面也实现了其商业目的。然而，立法者面临的问题是，该技术还处于发展阶段，在市场上并未成形。由于不能准确预测实施电转燃气可能出现的问题，在市场上实施该技术之前很难适应当前的法律体制。为此，在未来的几年里需要在国家和国际水平上扩大对电转燃气技术在能源法律领域的研究。

在欧洲，电转燃气面临的重大问题是电力和天然气市场的自由化。这使得智能电转燃气系统的实现变得复杂化，不过它也带来了一些系统性的好处。在这种自由化下，整个过程链只有在孤立的情况下才能实现，比如在私人的燃气公司下运营。因此高水平的系统有利于降低经济和能源系统的风险，因为那些没有从存储和运输技术中受益的市场参与者同时也代表了那些承担投资和运营成本的市场参与者。

Furtlehner(2014)在 Steinmüller 等人(2014)的报告中这样阐述欧盟第三次能源改革方案的意义和目的：

> 能源市场的自由化在欧洲竞争力中扮演着关键的角色。欧盟参考了欧盟第三次能源市场自由化改革方案(2009)中重新制定的内部能源市场的法律体制。第三次能源改革方案中的关键是对能源生产供应商与运输公司的拆分有了更严格的规定，并提供了所有权拆分为独立生产商(ISO)和独立运输公司(ITO)的选择。生产供应商和运输公司的独立性旨在确保一系列措施的有效实施。第三次能源改革方案的其他关注点在于保护消费者的权益、解决能源匮乏问题、扩大监管机构的权力、通过管道网络(进/出关税)引入远程独立的气体运输定价、智能计量以及设立能源监管合作机构。
>
> 第三次能源改革方案由以下条例和指令组成：《(EC)第 713/2009 号，关于建立能源管理委员会合作机构的条例》；《(EC)第 714/2009 号，关于电力跨境交易网络准入条件条例》；《(EC)第 715/2009

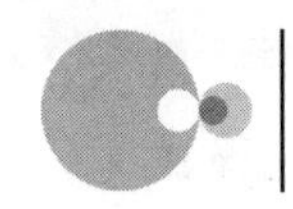

号,天然气跨境交易网络准入条件条例》;《关于内部电力市场共同规则的指令》;《(2009/73/EC)关于内部天然气市场共同规则的指令》。

所谓的"国际天然气市场指令"在第1条中就主题和范围提供了相关依据。首先,本指令为天然气的输送、分配、供应和储存以及天然气部门的政策、组织、功能和市场的可接受能力制定了共同的规则。为确保天然气输送、分配、供应和储存以及系统的正常运行建立了相关的标准和程序。第二,本指令针对天然气制定的规则不具有歧视性,也适用于来自生物质的生物气体或其它类型气体,只要它在技术上可行并且不具有危害性,这些气体同样可以输送到气体管网中并通过管网运输。

电转燃气的中间产物,如氢气、合成甲烷、天然气和沼气都需要在新技术和系统创新解决方案实施之后才能得知问题。在热能、运输和电力网络管理部门的背景下,电力市场的自由化通常被视为一个问题,因此必须对电转燃气供应链中的市场参与者角色做出新的定义,但不能只做简单的拆分。在这种环境下,市场自由化和上文提到的供应链中不同市场参与者的问题会难以实现存储技术的系统优势。对于最佳系统,需要适应体制,所以要开发全新的方法和新的市场规则设计。目前,在储存技术和电转燃气领域,每个市场参与者都需要优化自身。然而,系统范围的优化没有得到足够的重视,我们必须重新定义能源系统中的责任人和参与者,以实施新的存储技术和系统。

一方面是从市场角度来看,不同能源系统中都存在市场扭曲。例如从本文中的经济角度来看,这个市场缺乏支撑外在表现的内部基础。市场参与者创造的储存技术被"搭便车者"所占有,这便造成了这个系统中能源存储的终端使用者不会得到补充,这是一个积极的外部效应。这个效应可作为额外收益,即其目前在大多数市场中都未被充分转化为资本。只要公众部门不被规章所约束,市场扭曲就会在能源市场中引起存储技术的闲置。

因为目前缺乏实现存储技术的投资动机,除了现有的电转燃气和能源储存技术领域面临的挑战,还需要解决能源系统体制的适应问题。如果不适应基本系统,那么储存量将不足以支撑未来能量系统的最优化使用,也会加剧储存基础设施建设的长成本回收周期问题。除了系统角度外,由于市场的不确定性、大型项目的实现以及存储基础设施的建立，中长期盈利能力可以避免初期的高投资。因此，它需要在金融市场以及供资和财政制度方面实施新的法律上的固定的解决方案。

此外，还应在不同法律方面介绍电转燃气技术，并采取特别的行动来调整法律体制，使得实施电转燃气工厂的计划被放在首要位置。

比如，在德国气体管网中储存气体的生产和供应都基于相关的法律标准，如《能源法》，特别是《天然气网络接入条例》和《燃气网络收费条例》。Furtlehner(2014)对此进一步阐述如下：

> 《可再生能源法》(EEG)对燃气生产和供应也是十分重要的。从2011年7月26日德国立法机关修订了《能源经济法》在第3章第10c节《能源工业法》(《能源法》)中补充术语“沼气”的定义。现在它也包括当电能用于电解时电解水产生的氢气，当CO_2用于CO的甲烷化时氢气和二氧化碳进行合成产生甲烷或其他“主要”来自可再生能源的产物气体。“主要”根据解释性备忘录意味着至少有80%的市场份额。来自可再生能源的氢气和含有它的甲烷气、填埋气、污水气体和矿井气体都被定义为生物气。目前关于这些物质的独立法律框架还未建立。只要能满足《能源法》第3章第10c节的其他要求，即符合与其他能源相关的生物气的所有能源法规定，则“沼气”一词可用于表示氢气和合成甲烷。

法律体制的调整在德国已经非常先进，因此有必要对奥地利的法律体制也进行相应调整，如Furtlehner(2014)所说：

> 当德国在《能源工业法》(《能源法》)第3章第10c节中出现“添加沼气”——其定义出现在2011年的《天然气法》中，奥地利对此还没有相关的定义。现在的一个重要问题是天然气管网中实施供应甲烷、氢气和合成气的过程中存在的差异对其意味着什么。许多迹象表明，在目前情况下存在差距，因为《天然气法》在这一方面的指令是不完整的，虽然这种不完整并非是立法机构的本意。目前在奥地利法律系统中关于将氢气和合成甲烷引入天然气管网中进行供应还没有定论。如果这能够被接受，那么ÖVGW RL31或ÖVGW RL 33

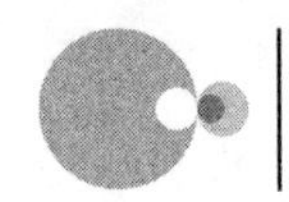

的规定在任何情况下都可适用。

此外,还需要进一步发展技术部分和经济模式,以及在国家层面上优化多层次的法律体制。这样,电转燃气技术才可以在未来的能源系统中实现其最大的价值。

参考文献

[1]Amt der NÖ Landesregierung(2011)NÖ Energiefahrplan 2030. http://www. noe. gv. at/Umwelt/Energie/Energiezukunft/energiefahrplan. pdf. Accessed 30 May 2014.

[2]Begluk S et al(2013)SYMBIOSE und Speicherfähigkeit von dezentralen Hybridsystemen;Presentation at 8. Internationale Energiewirtschaftstagung an der TU Wien,Wien 13-15 Feb 2013.

[3]Beise M(2001)Lead markets:country specific success factors of the global diffusion of innovations. ZEW Economic Studies,vol 14,Physica-Verlag,Heidelberg.

[4]Brauner G(2003)Blackout Ursachen und Kosten. Energy 4/03.

[5]Cohen J,Schmidthaler M,Reichl J(2014)Re-focussing research efforts on the public acceptance of energy infrastructure: a critical review. doi:10. 1016/j. energy. 2013. 12. 056.

[6]dena—Deutsche Energie-Agentur-GmbH(2010)dena-Netzstudie II. Integration erneuerbarer Energien in die deutsche Stromversorgung im Zeitraum 2015-2020 mit Ausblick 2025.

[7]Energieinstitut an der Johannes Kepler Universität Linz GmbH(2012)Technologiekonzept power to gas. Brochure.

[8]Furtlehner M(2014)In:Steinmüller H,Tichler R,Reiter G et al(eds)(2014)Power to gas-a systems analysis. Project report for the Austrian Federal Ministry of Science,Research and Economy.

[9]Gahleitner G,Lindorfer J(2013)Alternative fuels for mobility and transport:harnessing excess electricity from renewable power sources with

power to gas. ECEEE 2013 summer study,France.

[10]Gerhardt N, Jentsch M,Pape C, Saint-Drenan Y,Schmid J,Sterner M (2011)Speichertechnologien als Lösungsbaustein einer intelligenten Energieversorgung-Fokus Strom-Gasnetzkopplung. In: Presentation at E-world energy and water 2011—Smart Energy,Essen,8-10 Feb 2011.

[11]Grond L,Schulze P,Holstein J(2013)Systems analysis power to gas:a technology review,Groningen.

[12]Hefner R III(2007)The age of energy gases. China's opportunity for global energy leadership. The GHK Company,Oklahoma City.

[13]Igel M, Winternheimer S, Fixemer R,Leinenbach J(2010)Netzintegration von Solarstromerzeugung. Teil 2. ew-Das Magazin für die Energie-Wirtschaft 109(6):33-37.

[14]Koppe M(2014)In:Steinmüller H,Tichler R,Reiter G et al(eds)(2014) Power to gas—a systems analysis. Project report for the Austrian Federal Ministry of Science,Research and Economy.

[15]Lehner M(2014)In:Steinmüller H,Tichler R,Reiter G et al(eds)(2014) Power to gas—a systems analysis. Project report for the Austrian Federal Ministry of Science,Research and Economy.

[16]Lehnhoff S(2013)Hybridnetze für Smart Regions. Presentation at the conference Energieinformatik,Wien,13 Nov 2013.

[17] Oesterreichs Energie (2010) Klimaschutz durch modernste Technik. Pumpspeicher bilden Schwerpunkt der Kraftwerksprojekte der E-Wirtschaft. Oesterreichs Energie-Fachmagazin der österreichischen E-Wirtschaft,November/Dezember 2010.

[18]Reichl J,Kollmann A,Tichler R,Schneider F(2006)Umsorgte Versorgungssicherheit. Trauner Verlag.

[19]Reiter G,Tichler R,Steinmüller H et al(2014)Wirtschaftlichkeit und Systemanalyse von Power-to-Gas-Konzepten. In: DVGW (2014) Technoökonomische Studie von Power to gas Konzepte. Forthcoming.

[20]Rogers E(2003)Diffusion of innovations,5th edn. Free Press,New York.

[21]Schmiesing J(2010)Neue Hausausforderungen für ländliche Verteilnetzbetreiber durch dezentrale EEG-Einspeisung. Presented at the conference Aktuelle Fragen zur Entwicklung der Elektrizitätsnetze. Ermittlung des langfristigen Ausbaubedarfs,Göttingen,15 Apr 2010.

[22]Schoots K,Ferioli F,Kramer G,van der Zwaan B(2008)Learning curves for hydrogen production technology:an assessment of observed cost reductions. Int J Hydrogen Energy 33(11):2630-2645.

[23]SRU(2010)Sachverständigenrat für Umweltfragen SRU 100% erneuerbare Stromversorgung bis 2050: klimaverträglich, sicher, bezahlbar. p 479.

[24]Steinmüller H, Tichler R, Reiter G, Koppe M, Lehner M, Harasek M, Gawlik W, Haas R, Haider M, et al (2014) Power to gas—A systems analysis. Project report for the Austrian Federal Ministry of Science,Research and Economy(This work was funded and co-funded by the Austrian ministry of economics, by Österreichs Energie and by FGW. This report is only available in German language and can be ordered from Energieinstitut an der Johannes Kepler Universität Linz).

[25]Tichler R(2011a)Der mögliche Beitrag von SolarFuel als neue power to gas-Technologie für eine zukünftige europäische Energieversorgung. In: Steinmüller H, Hauer A, Schneider F (eds) Jahrbuch Energiewirtschaft 2011. Neuer Wissenschaftlicher Verlag.

[26]Tichler R(2011b)Analysen zur Weiterverfolgung der power to gas-Technologie. Vergleich derzeitiger Förderungen sowie aktueller Steuersätze in den Segmenten Strom/Wärme/Verkehr zur Kalkulation einer preislichen Gleichsteliung eines synthetischen power to gas-Produktes durch Förderungen/Einspeisetarife in Österreich. Energieinstitut an der Johannes Kepler Universität Linz GmbH.

[27]Tichler R(2013)Volkswirtschaftliche Relevanz von power to gas für das

zukünftige Energiesystem. Presentation at 8. Internationale Energiewirtschaftstagung an der TU Wien, Wien 13-15 Feb 2013.

[28]Tichler R(2014)In: Steinmüller H, Tichler R, Reiter G et al(eds)Power to gas—a systems analysis. Project report for the Austrian Federal Ministry of Science, Research and Economy (This work was funded and cofunded by the Austrian ministry of economics, by Österreichs Energie and by FGW. This report is only available in German language and can be ordered from Energieinstitut an der Johannes Kepler Universität Linz).

[29]Tichler R, Gahleitner G(2012)power to gas-Speichertechnologie für das Energiesystem der Zukunft. Energieinstitut an der Johannes Kepler Universität Linz, Energie Info 08/2012.

[30]Tichler R. Steinmüller H, Hauer A, Pengg-Bührlen H et al(2011)Machbarkeitsstudie einer SolarFuel β-Anlage in Österreich. Energieinstitut an der Johannes Kepler Universität Linz GmbH, SolarFuel GmbH.

[31]TU Wien, ESEA/EA(ed)(2011)Super-4-Micro-Grid-Nachhaltige Energieversorgung im Klimawandel. approbierter Endbericht zum Forschungsprojekt im Rahmen der 1. AS Neue Energien 2020, Wien.

[32]VDE(2009)Energiespeicher in Stromversorgungssystemen mit hohem Anteil erneuerbarer Energieträger-Bedeutung. Stand der Technik Handlungsbedarf, Frankfurt.

[33]VDE(2012)Energiespeicher für die Energiewende-Speicherungsbedarf und Auswirkungen auf das Übertragungsnetz für Szenarien bis 2050, Frankfurt.